Nikola Hahn

Werkzeugkoffer Vernehmung. Exkurse
Gefährderansprache und Vernehmung

Kriminalhauptkommissarin Nikola Hahn gehörte 1984 zu den ersten Frauen, die in die hessische Bereitschaftspolizei eingestellt wurden. Nach ihrem Wechsel zur Kriminalpolizei im Jahr 1990 arbeitete sie als Ermittlerin und Sachgebietsleiterin unter anderem in den Kommissariaten für Geld- und Urkundenfälschung, Tötungsdelikte, Raub und Erpressung. Seit 2004 ist Nikola Hahn als Dozentin an der Polizeiakademie Hessen tätig; 2015 übernahm sie außerdem einen Lehrauftrag für Kriminalistik an der Hessischen Hochschule für Polizei und Verwaltung.
Nikola Hahns Arbeitsschwerpunkt ist Vernehmungstaktik. Das von ihr entwickelte Konzept »Werkzeugkoffer Vernehmung. Kriminalistisch Vernehmen« bildet die Grundlage der Vernehmungsfortbildung in der hessischen Polizei.

Nikola Hahn

Werkzeugkoffer Vernehmung. Exkurse | 1

Gefährderansprache und Vernehmung

Abgrenzung – Rechtliche Probleme – Praxistipps

THONI Verlag

Bibliografische Information der Deutschen Nationalbibliothek:

Die Deutsche Nationalbibliothek verzeichnet diese Publikation in der Deutschen Nationalbibliografie; detaillierte bibliografische Daten sind im Internet über http://dnb.dnb.de abrufbar.

In der Reihe »Exkurse« erscheinen ausgesuchte Themen aus dem Vernehmungskonzept »Werkzeugkoffer Vernehmung. *Kriminalistisch Vernehmen*«.

»Gefährderansprache und Vernehmung« wurde in der 1. Auflage als eBook publiziert.

2. aktualisierte und erweiterte Auflage

Titelgestaltung unter Verwendung von Illustrationen v. Sergey Ilin, Fineas und Tino Thoß (Rückseite)

Satz und Layout: Nikola Hahn

Printed by Amazon Distribution GmbH, Leipzig

ISBN 978-3-944177-45-8

Für T. von F.

Vorbemerkung

Wenn Polizeibeamte mit Bürgern kommunizieren, kann sich das vom »Alltagsgespräch« während der Streife bis hin zur (förmlichen) Vernehmung entwickeln – was eine Sensibilisierung für das jeweilige Ziel der Maßnahme und die Kenntnis einschlägiger Befugnisnormen gleichermaßen voraussetzt. Eine strikte Trennung zwischen polizeirechtlichen und strafprozessualen Maßnahmen ist dennoch nicht immer möglich, und in dem Maße, wie das (polizeirechtliche) Instrument der »Gefährderansprache« an Bedeutung gewonnen hat, rücken Problemstellungen in den Blickpunkt, die bis vor einigen Jahren noch kaum Bedeutung für die Praxis hatten.

Analog zur »Informatorischen Befragung« im Strafprozessrecht besteht bei der sogenannten Gefährderansprache nicht nur das Problem der Begriffsunschärfe und damit der Unsicherheit über die richtige Eingriffsbefugnis, sondern auch die Gefahr, einen möglichen Übergang zur strafprozessualen Vernehmung zu verkennen mit der Folge, dass erhobene Informationen für ein Ermittlungsverfahren unverwertbar werden.

Während die höchstrichterliche Rechtsprechung für die Rechtsfigur »Informatorische Befragung« Orientierungshilfen geschaffen hat, präsentiert sich das Feld in puncto Gefährderansprachen großteils unbestellt. Die Mehrzahl der Kommentare und die wenigen Urteile zur Thematik erschöpfen sich zumeist in der Diskussion um eine rechtskonforme Befugnisnorm für »die« Gefährderansprache. Betrachtet man jedoch die Praxis, zeigt sich eine Vielfalt polizeilicher Kommunikationsformen, die unter dem Begriff »Gefährderansprache« zusammengefasst werden: von allgemein gehaltenen Hinweisen bis zu erschöpfenden Befragungen über persönliche Befindlichkeiten, von Hilfsangeboten und Ratschlägen bis zur Androhung von Maßnahmen, von der einmaligen Ermahnung bis zur längerfristigen kommunikativen Begleitung und Betreuung.

Das lässt deutlich werden, dass die im Schrifttum postulierte »Standardbefugnis für Gefährderansprachen« das Problem womöglich nicht lösen würde, da die Gefährderansprache eben keine standardisierte Maßnahme ist wie etwa Festnahme, Durchsuchung oder auch Vernehmung, sondern ein am jeweiligen Sachverhalt und Gefährdertypus ausgerichtetes mehr oder minder umfangreiches Gesamtpaket, dessen »Einzelteile« durchaus unterschiedliche Eingriffsqualität aufweisen können. Im Folgenden möchte ich:

- unterschiedliche Arten der Gefährderkommunikation definieren und voneinander abgrenzen;
- Probleme doppelfunktionaler Maßnahmen am Beispiel der Gefährderkommunikation darstellen;
- rechtliche Grenzen für die Verwendung von Informationen aus der Gefährderkommunikation in Ermittlungsverfahren aufzeigen und
- die Abgrenzungsproblematik »Gefährderkommunikation und Vernehmung« thematisieren.

Die Ausführungen zum Gefahrenabwehrrecht beziehen sich überwiegend auf die Bestimmungen des Hessischen Gesetzes über die öffentliche Sicherheit und Ordnung

(HSOG). Zu beachten ist, dass in anderen Bundesländern die Voraussetzungen für Standardbefugnisse (z. B. das Erfordernis einer konkreten Gefahr) und der Bereich der »vorsorgenden Straftatenbekämpfung« teils abweichend geregelt sind. Insoweit sind die Rechtsausführungen, insbesondere im Zusammenhang mit der »vorsorgenden Straftatenbekämpfung« nicht unbeschränkt übertragbar. Um dennoch einen Vergleich zu ermöglichen, habe ich dieser Ausgabe eine Übersicht angefügt, in der die einschlägigen polizeirechtlichen Vorschriften aller Bundesländer gegenübergestellt werden.

»Gefährderansprache und Vernehmung« ist ein Exkurs aus dem Vernehmungskonzept »Werkzeugkoffer Vernehmung. *Kriminalistisch Vernehmen*«, der vor allem die rechtlichen Schnittstellen der präventiven Gefährderkommunikation mit der repressiven Vernehmung thematisiert. Das taktische Vorgehen im Umgang mit Gefährdern ist daher nicht Inhalt dieser Publikation.

»Gefährderansprache und Vernehmung« wurde 2013 zunächst als eBook publiziert; eine gekürzte Fassung erschien im Jahr darauf als Titelthema in der Fachzeitschrift »der kriminalist[1]«. Für die vorliegende Ausgabe wurde das Manuskript unter Auswertung der aktuellen Rechtsprechung und Literatur überarbeitet und um tabellarische Übersichten erweitert. Die eBook-Ausgabe wird nicht mehr aufgelegt.

Nikola Hahn,
im Februar 2016

1 Ausgabe 4/2014, S. 6ff

Inhaltsverzeichnis

I Polizeiliche Kommunikation mit Gefährdern – Versuch einer Differenzierung

Im Wortsinn bedeutet »Ansprache«, dass die Polizei redet und der Gefährder zuhört, dass also **Weisungen** erteilt oder Mahnungen ausgesprochen werden. Das ist jedoch, wie bereits erwähnt, nur ein mögliches Ziel der polizeilichen **Gefährderansprache**. Oft geht es nämlich (auch) darum, mit dem Gegenüber in einen Dialog zu kommen; so wird die Ansprache rasch zum Gespräch[2], das analog der strafprozessualen **Vernehmung** von einem Staatsorgan in amtlicher Eigenschaft geführt wird, und in dem (auch) Fragen gestellt werden. Allerdings bezweckt dieses Gespräch keine Aufklärung strafrechtlicher Sachverhalte, sondern dient dazu, Informationen zu gewinnen, die das Einschätzen einer möglichen Gefahrenlage erlauben (**Lagebeurteilung**) oder/und durch Einsicht ein bestimmtes Verhalten bei der angesprochenen Person zu bewirken (**Vertrauensbildung**).

Auffällig gewordene Jugendliche und gewaltbereite Demonstrationsteilnehmer können ebenso Gefährder sein wie aggressive Fußballfans, prügelnde Ehemänner, Stalker, Graffiti-Sprayer, aus der Sicherungsverwahrung entlassene Sexualstraftäter, einschlägig bekannte Extremisten, aber durchaus auch der Geschäftsführer eines auffällig gewordenen Inkassounternehmens. So unterschiedlich wie der **Adressatenkreis** stellen sich mögliche

---

2 Artkämper (S. 56) definiert die »Gefährderansprache« als »Gefährdergespräch«; Rachor (F Rn 820f) unterscheidet zwischen »Gefährderansprache« und »**Befragung**«.

Maßnahmen im Rahmen der »Gefährderansprache« dar, zum Beispiel:

- Ermahnungen, Störungen der öffentlichen Sicherheit zu unterlassen;
- Hinweise, in welcher Weise gegen den Gefährder eingeschritten werden könnte, sollte er sich an bestimmte Orte begeben (z. B. bei Demonstrationen oder Fußballspielen, aber auch einschlägige Treffpunkte von Jugendlichen);
- Befragungen des Gefährders, um einen Eindruck über seine Persönlichkeit und seine Absichten zu gewinnen;
- In-Kenntnis-Setzen über mögliche Präventivmaßnahmen, z. B. Meldeauflagen etc.;
- »Bösgläubig-Machen« eines Geschäftsführers unter Hinweis auf mögliche Ermittlungsmaßnahmen;
- Allgemeine Hinweise, vertrauensbildende Gespräche und Hilfsangebote.

Da es für die Begriffe »**Gefährder**« und »Gefährderansprache« keine allgemeingültige **Definition** gibt[3], können Gefährder je nach Sachlage potenzielle Gefahrenverursa-

---

3 Im polizeilichen **Staatsschutz** gelten Personen nur dann als Gefährder, wenn bestimmte Tatsachen die Annahme rechtfertigen, dass sie politisch motivierte Straftaten von erheblicher Bedeutung, insbesondere solche im Sinne des § 100a der Strafprozessordnung begehen werden. Die 2004 von der Arbeitsgemeinschaft der Leiter der Landeskriminalämter und des Bundeskriminalamts festgelegte Begriffsbestimmung ist jedoch nicht gesetzlich verankert.

cher oder polizeirechtliche **Störer** sein, und die entsprechenden »Ansprachen« der Polizei vom unverbindlichen Bürgergespräch bis zum **Grundrechtseingriff** reichen. Mit einer differenzierenden Wortwahl soll der Versuch unternommen werden, unterschiedliche **Kommunikationsformen** im Rahmen von Gefährderansprachen rechtlich eindeutig einzuordnen.

In der Kommunikation mit Gefährdern lassen sich im Großen und Ganzen vier Bereiche unterscheiden:

➲ Schlichte Gefährderansprachen

Die Polizei gibt dem Gefährder Hinweise, Informationen, Ratschläge, ohne in seine Rechte einzugreifen, ihn zu etwas zu drängen oder von ihm konkret etwas zu verlangen. Dies kann mündlich in einer »Gefährderansprache« oder schriftlich in einem »**Gefährderanschreiben**« erfolgen. Die **Schlichte Gefährderansprache** hat **Informationscharakter**: Der Gefährder entscheidet aus freien Stücken, ob er die Informationen annehmen oder den Ratschlägen folgen will.

➲ Appellative Gefährderansprachen

Die Polizei erteilt **Weisungen**, sie appelliert mündlich oder schriftlich an den Gefährder, etwas zu tun oder zu lassen, zum Beispiel ein **Fußballspiel** oder eine Veranstaltung nicht zu besuchen, ein bestimmtes Verhalten zu unterlassen; die Polizei malt dem Gefährder gegenüber aus, welche polizeirechtlichen Maßnahmen sie ergreifen wird, wenn er sich an einen bestimmten Ort begibt und / oder sie spricht den Gefährder direkt in seinem sozialen Umfeld an und beeinträchtigt dadurch unter Umständen sein Ansehen und seinen Ruf. Die **Appellative Gefährderansprache** hat **Aufforderungscharakter**: Der Gefährder fühlt sich in seinem sozialen Umfeld bloßgestellt und / oder er hat das Gefühl, keine andere Wahl zu haben, als den polizeilichen »Vorschlägen« nachzukommen.

Während sich **Schlichte** und **Appellative Gefährderansprachen** in der Hauptsache als einseitige Kommunikation in einem **Oben-Unten-Verhältnis** darstellen, in deren Verlauf die Polizei eher aktiv und die Gefährder eher passiv agieren, handelt es sich bei den folgenden beiden Varianten um eine klassische Unterhaltung: Die Gesprächspartner sind im Dialog miteinander und begegnen sich auf Augenhöhe.

➲ Allgemeine Gefährdergespräche

Polizeibeamte und Gefährder unterhalten sich über »**Smalltalk-Themen**«; der Inhalt des Gesprächs ist sachlich nur bedingt relevant, denn das Ziel liegt primär darin, in Kontakt zu kommen, einen bereits hergestellten Kontakt zu halten, eine **Beziehungsebene** zu schaffen, **Vertrauen** aufzubauen. Insoweit ist diese Unterhaltung mit der ersten Phase in einer **Vernehmung**, dem **Kontaktgespräch**, vergleichbar, und sie findet vor allem dann statt, wenn Polizei und Gefährder über längere Zeit und regelmäßig miteinander zu tun haben (werden).

➲ Gefährderbefragungen

Polizeibeamte und Gefährder unterhalten sich über Persönliches und / oder die Polizei stellt **Fragen** zu Ansichten und Absichten des Gefährders, zu seinen wirtschaftlichen und familiären Verhältnissen. Es wird über religiöse und politische Einstellungen, Pläne und Vorhaben gesprochen, vor allem, um **Informationen** zu erhalten, die eine Einschätzung einer **möglichen Gefahrenlage** oder deren Überprüfung erlauben, und um gegebenenfalls weitere Maßnahmen zu ergreifen – oder davon abzusehen.

II Rechtsgrundlagen und Gerichtsentscheide zur Gefährderkommunikation

In der Praxis ist es oft schwer, die Grenzen einerseits zwischen Schlichter und Appellativer **Gefährderansprache**, andererseits zwischen **Gefährdergespräch** und **Gefährderbefragung** zu ziehen, aber gleichwohl ist es unverzichtbar, will man nicht riskieren, dass die durchgeführten Maßnahmen rechtswidrig sind. Maßgeblich für eine Beurteilung sind immer die **Umstände des konkreten Einzelfalles**, aber auch die Art und Weise, in der die Polizei gegenüber dem Gefährder und in seinem sozialen Umfeld auftritt.

➲ Rechtsgrundlagen für Schlichte und Appellative Gefährderansprachen

Zur Form und Rechtsnatur »der Gefährderansprache« führt Rachor aus, dass sie weder eine verbindliche Verhaltensanordnung noch eine Androhung von Zwangsmitteln und damit auch kein **Verwaltungsakt**, sondern ein **Realakt** sei und geht auf die unterschiedliche Rechtsnatur von Schlichter und Appellativer Gefährderansprache ein, ohne sie freilich eindeutig so zu benennen:

> *»Von der Erscheinungsform her ist sie zunächst eine Information eines Bürgers über vergangene Tatsachen (polizeiliches In-Erscheinung-Treten des Betroffenen), bevorstehende Ereignisse (Sportveranstaltung, politische Demonstration), sowie die bestehende Rechtslage (Voraussetzungen polizeilichen Einschreitens) und die Absicht der Polizei, Straf-*

taten zu unterbinden bzw. zu verfolgen. Diese Information hat allerdings, weil es sich nicht um eine von dem Betroffenen erbetene handelt, keinen neutralen, sondern einen appellativen Charakter. Der Betroffene [...] kann die Gefährderansprache im Einzelfall als Empfehlung oder Rat, aber auch als Warnung oder gar Drohung verstehen.« (Rn 822)

Ob es sich bei der Gefährderkommunikation um eine **Schlichte** oder eine **Appellative Gefährderansprache** handelt, bemisst sich also danach, ob das Verhalten der Polizei als **Eingriff** in die Rechte des Gefährders oder als **schlicht-hoheitliches Verwaltungshandeln** zu werten ist. Wie bei Standardmaßnahmen muss auch bei der Gefährderkommunikation anhand des jeweiligen Einzelfalles geprüft und begründet werden, ob und warum das polizeiliche Verhalten die Schwelle zum Eingriff überschreitet oder nicht überschreitet.

Es kann durchaus vorkommen, dass eine nicht erbetene Kontaktaufnahme durch die Polizei einem Gefährder **subjektiv** als Eingriff erscheint, es **objektiv** aber nicht ist. Geht der Betroffene dagegen verwaltungsgerichtlich vor, ist eine zutreffende Bewertung des **Eingriffscharakters** und daraus folgend der **Rechtmäßigkeit** der Maßnahme nur möglich, wenn neben dem Inhalt auch die konkreten Umstände bekannt sind, unter denen die Ansprache erfolgte. Ein zentraler Prüfpunkt ist dabei, ob und welche Grundrechte des Gefährders verletzt worden sein könnten.

Das folgende Zitat aus einem Urteil des VG Aachen vom 16.12.2013 bezieht sich zwar auf die (abgewiesene) Klage eines Betroffenen gegen einen vorgeblichen

Platzverweis durch die Polizei, ist aber inhaltlich auf die Gefährderkommunikation übertragbar:

> *»[...] nicht jedes polizeiliche Handeln [überschreitet] die Schwelle zum Eingriff in Grundrechte des Einzelnen. Es gibt Bereiche, in denen die Polizei berät und informiert, ohne dass hiermit Belastungen für die Adressaten dieses staatlichen Handelns verbunden sind. Zu unterscheiden ist dieses Tätigwerden aber von Maßnahmen, die nicht nur im Anwendungsbereich eines Grundrechts stattfinden, sondern unmittelbar in den Schutzbereich eines Grundrechts eingreifen.«* (a.a.O. Rn 29)

Das Gericht bezog sich im Urteil unter anderem auch auf die genannten Ausführungen von Rachor und hätte die **Schwelle zum Grundrechtseingriff** dann als überschritten angesehen, wenn dem Betroffenen keine andere Wahl geblieben wäre, als der polizeilichen Diktion nachzukommen:

> *»So ist [...] für polizeiliche Ratschläge, Empfehlungen, Auskünfte oder auch Warnungen geklärt, dass insbesondere dann, wenn der auffordernde Charakter der Ansprache bzw. Empfehlung im Einzelfall so nachdrücklich hervortritt, dass der Betroffene vernünftigerweise keinen anderen Entschluss mehr treffen kann, als den, der polizeilichen Empfehlung Folge zu leisten, regelmäßig von einem Eingriff [...] in die* ***allgemeine Handlungsfreiheit*** *gemäß Art. 2 Abs. 1 GG oder auch, wenn die Konsequenz das Zurückhalten einer zulässigen Meinungsäußerung ist, in die* ***Meinungsfreiheit*** *aus Art. 5 Abs. 1 GG auszugehen ist.«* (a.a.O. Rn 30)

Wenn die Möglichkeit besteht, dass der Inhalt oder die Umstände der Gefährderkommunikation für den Adressaten ehrrührig oder herabsetzend sein könnten, muss außerdem auch ein möglicher Eingriff in das **allgemeine Persönlichkeitsrecht** gem. Art. 2 Abs. 1 i.V.m. Art. 1 Abs. 1 GG geprüft werden. Beispielsweise wäre das der Fall, wenn die Polizei zu verstehen gäbe, dass sie den Gefährder für einen potenziellen Rechtsbrecher halte oder ihn in Anwesenheit Dritter entsprechend behandelte. Deusch nennt dazu folgendes Beispiel (S. 146):

> *»[...] wenn der Betroffene zu Hause oder am Arbeitsplatz als potentieller [sic!] Hooligan aufgesucht wird, ist die Beeinträchtigung seiner persönlichen Ehre oder seines guten Rufs nicht ausgeschlossen. Diese Rechtsgüter erfahren über Art. 2 Abs. 2 i.V.m. Art. 1 Abs. 1 GG verfassungsmäßigen Schutz.«*

Steht eine Gefährderkommunikation im Zusammenhang mit der geplanten Teilnahme des Gefährders an einer **Versammlung**, könnte durch die Maßnahme neben der Meinungsfreiheit auch das Grundrecht auf **Versammlungsfreiheit** aus Art. 8 Abs. 1 GG verletzt werden. Die Versammlungsfreiheit stellt eine besondere Ausprägung der **Meinungsfreiheit** dar und genießt wegen ihrer hohen Bedeutung für die Demokratie einen besonders strengen Schutz, der sich schon im **Vorfeld** einer Versammlung entfalten kann. Dieser »vorverlagerte Grundrechtsschutz« wurde 1985 im sogenannten **Brokdorf-Beschluss** vom Bundesverfassungsgericht postuliert (s. dort, Rn 70).

Aufgrund der »**Polizeifestigkeit**« des Versammlungsrechts bieten die Polizeigesetze grundsätzlich keine unmittelbare Ermächtigungsgrundlage für Eingriffe in die Versammlungsfreiheit. Ob das auch für Maßnahmen im Vorfeld von Versammlungen gilt, wird in der Literatur kontrovers diskutiert (vgl. u.a. Bäuerle S. 14, 16; Kramer

S. 72 mwN). Da die Polizeigesetze jedoch zu Eingriffen im Vorfeld von Versammlungen ermächtigen (in Hessen beispielsweise zur Datenerhebung bei oder im Zusammenhang mit Versammlungen (§ 14 Abs. 2 HSOG) und zu Kontrollen im Vorfeld (§ 18 Abs. 2 Nr. 5 HSOG)), geht die herrschende Meinung unter Bezug auf den Brokdorf-Beschluss davon aus, dass das Polizeirecht vor Versammlungsbeginn anwendbar ist, sofern die entsprechenden Maßnahmen die Wahrnehmung der Versammlungsfreiheit nicht unzumutbar erschweren und »im Lichte des Versammlungsrechts« angewendet werden (vgl. Bäuerle, Vers.-Recht, S. 16).

Auf die Gefährderkommunikation bezogen bedeutet das, dass ein Eingriff in das Grundrecht der Versammlungsfreiheit auch schon im Vorfeld einer Versammlung gegeben ist, wenn der Gefährder sich durch die Art oder den Inhalt der polizeilichen Ansprache veranlasst sähe, nicht an der Versammlung teilzunehmen.

Ob in solchen Fällen eine **Appellative Gefährderansprache** überhaupt rechtlich zulässig wäre (eine Schlichte Gefährderansprache scheidet wegen des Eingriffscharakters aus), ist nicht eindeutig zu beantworten. Nimmt man die Geltung des Versammlungsrechts für den entsprechenden Zeitraum an, könnte die Appellative Gefährderansprache als sogenannte **Mindermaßnahme**[4] dann rechtmäßig sein, wenn sie sich als ein milderes Mittel

---

4 Die Einzelheiten sogenannter Mindermaßnahmen sind in der Literatur und Rechtsprechung ebenso wie die Gültigkeit des Versammlungsrechtes im Vorfeld von Versammlungen umstritten (vgl. Bäuerle S. 19). Zur Sensibilisierung für die hohe Bedeutung des Grundrechts auf Versammlungsfreiheit wird die Problematik dennoch kurz thematisiert.

gegenüber den im Versammlungsrecht vorgesehenen Maßnahmen (Verbot, Auflösung, Ausschluss) darstellen und den hohen rechtlichen Voraussetzungen aus dem Versammlungsrecht genügen würde.

Merksätze zum Versammlungsrecht

- ☑ Aufgrund des im »Brokdorf-Beschluss« festgeschriebenen vorgelagerten Grundrechtsschutzes könnte, je nach Fallkonstellation, eine Appellative Gefährderansprache im Vorfeld einer Versammlung unzulässig sein.
- ☑ An die Rechtmäßigkeitsprüfung von Gefährderansprachen, die im Zusammenhang mit Versammlungen stehen, sind daher hohe Anforderungen zu stellen.

Festzuhalten bleibt, dass die **Schlichte Gefährderansprache keinen Eingriff** darstellt (**Realakt** ohne Eingriffscharakter bzw. schlicht hoheitliches Handeln) und demzufolge auch keiner Eingriffsermächtigung bedarf, während die **Appellative Gefährderansprache** wegen der ihr innewohnenden »Drohkulisse« eine **Befugnisnorm** benötigt, die sich in der polizeirechtlichen **Generalklausel** (in Hessen § 11 HSOG) findet.

Voraussetzung für die Rechtmäßigkeit einer **Appellativen Gefährderansprache** ist demnach, dass eine **konkrete**

Gefahr für die öffentliche Sicherheit oder Ordnung vorliegt und dass die Ansprache gegenüber demjenigen erfolgt, der Verursacher dieser Gefahr ist, sich also an den **Störer** richtet (vgl. Rachor a.a.O. Rn 822–825).

Ob eine konkrete Gefahr gegeben ist, hängt von der Menge und Qualität vorliegender **Informationen** über die Person und deren Vorhaben in der Zukunft ab (a.a.O. Rn 825).

Kann **keine konkrete Gefahr** begründet werden oder reichen die vorhandenen Anhaltspunkte nicht, den Gefährder als Störer einzustufen, wäre eine Ansprache nur dann rechtmäßig, wenn sie sich als **Schlichte Gefährderansprache** ohne Eingriffscharakter darstellte.[5]

Die Zulässigkeit der Schlichten Gefährderansprache ergibt sich aus der **allgemeinen Aufgabenzuweisung** der Polizei (in Hessen: § 1 HSOG).

Davon unabhängig ist bei einem möglichen Eingriff in die Versammlungsfreiheit ein besonders strenger Maßstab anzulegen. Würde ein solcher Eingriff bejaht, wäre eine **Appellative Gefährderansprache** in der Regel nur als mildere Maßnahme zu den im Versammlungsgesetz vorgesehenen Maßnahmen möglich.

---

5 Dazu Deusch im Zusammenhang mit Maßnahmen gegen einen potenziellen **Hooligan** (S. 146 mwN): *»Die Gefährderansprache zielt auf die Warnung vor straffälligem Verhalten und hat mit einer Befragung des Betroffenen nichts gemein. Daher kommt als Ermächtigungsgrundlage nur die polizeiliche Generalklausel in Betracht, die eine konkrete Gefahr voraussetzt. Hierfür reicht allein die Bekanntheit des Betroffenen in der Szene oder seine Erfassung in der Datei ›Gewalttäter Sport‹ nicht aus. Hinzutreten müssen weitere polizeiliche Erkenntnisse über konkrete Vorhaben des Betroffenen am Spieltag.«*

➲ Rechtsgrundlagen für Allgemeine Gefährdergespräche und Gefährderbefragungen

Wenn eine Gefährderansprache von der bloßen (einseitigen) Weisung oder Empfehlung zum Gespräch wird, wenn also eine Unterhaltung zwischen Gefährder und Polizeibeamten stattfindet und Fragen gestellt werden, ist darauf abzustellen, inwieweit es sich bei dem Gesprächsinhalt um gefahrenrechtlich relevante Sachverhalte handelt. Schwierig wird es vor allem dann, wenn das Ziel sowohl in der »**Beziehungspflege**« als auch in der Informationsbeschaffung für eine **Gefahrenprognose** liegt. Rasch kann so der Smalltalk zum Sachgespräch werden, indem entsprechende Fragen gestellt werden oder Dinge zur Sprache kommen, die dann sogar (auch) strafrechtlich bedeutsam sein könnten.

Zunächst ist mit Rachor festzustellen (Rn 247–248), dass es nicht Ziel des Polizeirechts sein kann, jede zwischenmenschliche Kommunikation und jedes bürgernahe Verhalten von Polizeibeamten zu reglementieren. Ebenso wie es möglich ist, allgemeine Hinweise und Ratschläge im Rahmen einer **Schlichten Gefährderansprache** zu geben, ist es also auch zulässig, **Allgemeine Gefährdergespräche** zu führen. Dabei muss aber bedacht werden, dass gerade ›Gespräche‹, die (auch) polizeilich relevante Sachverhalte betreffen, in den Anwendungsbereich der Regelungen über die **Befragung** fallen können.[6]

---

6 Die Standardmaßnahme »**Befragung**« als Eingriffsnorm für Gefährderansprachen wird u. a. auch bei Ogrodowski (2009) thematisiert, der ebenfalls – je nach Inhalt und Zielrichtung der Gefährderansprache – unterschiedliche Eingriffsqualitäten definiert und folgende Rechtsgrundlagen benennt:

Bleibt es beim **Allgemeinen Gefährdergespräch**, bedarf es – wie bei der Schlichten Gefährderansprache – keiner Eingriffsbefugnis, weil die Kommunikation mangels Sachrelevanz **keinen Eingriff** darstellt. Wie bei der Schlichten Gefährderansprache würde sich die Zulässigkeit solcher Gespräche aus der **allgemeinen Aufgabennorm** der Polizei, in Hessen also aus § 1 HSOG, ableiten.

Ein **Eingriff** muss hingegen bejaht werden, wenn das Gespräch mit einem bestimmten Ziel geführt wird und den Charakter einer **Befragung** annimmt. Fraglich ist, ob in diesen Fällen auf die Standardnorm für Befragungen (in Hessen: § 12 HSOG) zurückgegriffen werden kann, wie es unter anderem Rachor ausführt: Befragen im Sinne des Polizeirechts meine demnach nicht nur das Stellen von Fragen, sondern jedes Verhalten des Polizeibeamten, das darauf abziele, vom Gegenüber Informationen, also eine Aussage, zu erhalten. Es sei dabei unerheblich, ob diese **gezielte Befragung** mit oder gegen den Willen des Betroffenen erfolge, ob der Befragte bereitwillig und von sich aus Auskunft gebe oder sich eher widerwillig zu einem Gespräch durchringe:

> *»Entscheidend ist allein, dass die Polizei eine Äußerung herbeiführen will. Diese Begriffsbestimmung entspricht insoweit dem strafprozessualen Begriff der Vernehmung.«* (Rn 244)

- Strafbares Verhalten erläutern, Druckmittel / Konsequenzen für zukünftiges Fehlverhalten aufzeigen (kein Eingriff);
- Informationserhebung zur aktuellen Situation, Absichten des Gefährders erkennen (ggf. § 9 PolG);
- »Nahe legen«, sich an einem Ereignis / Treffen nicht zu beteiligen (Eingriff > § 8 PolG). *(A. d. V.: § 8 = Generalklausel, § 9 = Befragung).*

Voraussetzung für eine Befragung nach § 12 Abs. 1 S. 1 HSOG ist, *»dass tatsächliche Anhaltspunkte die Annahme rechtfertigen, dass die Person sachdienliche Angaben zur Aufklärung des Sachverhalts in einer bestimmten [...] polizeilichen Angelegenheit machen kann.«*

Nach Rachor ist der Rahmen für eine polizeiliche Befragung sehr weit gesteckt, zählten zu den polizeilichen Aufgaben doch auch die Straftatenbekämpfung und die Vorbereitung für die Hilfeleistung in Gefahrenfällen. Die Befugnisnorm des § 12 Abs. 1 S. 1 HSOG setzt im Übrigen weder eine konkrete Gefahr voraus, noch muss der Angesprochene Störer sein. Das **Ziel** liegt darin, durch das Befragen einer Person einen Sachverhalt aufzuklären. Zulässig ist die Befragung demnach

- um Erkenntnisse zu erlangen, die als **Informationsgrundlage** für das weitere Vorgehen der Polizei dienen;
- als Maßnahme der **Gefahrerforschung**;
- wenn zu klären ist, ob eine **Gefahr** und damit ein Bedürfnis für polizeiliches Einschreiten besteht;
- um weitere **Nachforschungen** zu treffen, wenn nur vage Anhaltspunkte vorliegen oder die Lagebeurteilung der Polizei auf unzuverlässigen Hinweisen beruht (Rachor Rn 259, 260).

Diese Ziele der Befragung decken sich mit **Gefährderbefragungen** zum Beispiel im **Staatsschutz** oder bei entlassenen **Sexualtätern**, bei denen es ja (auch) darum geht, eine mögliche Gefährlichkeit der Personen für die Zukunft zu beurteilen. Da es sich bei den erfragten Daten regelmäßig um solche aus dem persönlichen Lebensbereich des Gefährders (mithin »personenbezogene Daten«) handelt, sind nach § 12 Abs. 4 HSOG außerdem die Bestimmungen über die Erhebung und Verarbeitung solcher Daten zu beachten, die sich aus §§ 13 ff HSOG ergeben. Insbesondere ist das Erheben der Daten zulässig, wenn der Befragte *»in Kenntnis des Zwecks der Erhebung eingewilligt hat«* (§ 13 Abs. 1 Nr. 1 HSOG).

▷ *Auskunftspflicht, Belehrung, Rechtsfolgen*

Die Zulässigkeit einer polizeirechtlichen Befragung nach § 12 Abs. 1 S. 1 HSOG bedeutet nicht, dass der Befragte auch eine Pflicht zur Auskunft hat. Aus Absatz 2 ergibt sich vielmehr, dass grundsätzlich nur dann eine **Auskunftspflicht** besteht, wenn der Befragte polizeipflichtig, also **Störer** ist.[7] Da Gefährderbefragungen im Regelfall dazu dienen sollen, eine Gefahrenprognose überhaupt erst erstellen zu können, sind entsprechende Auskünfte nur **auf freiwilliger Basis**, also nach den Vorschriften des Abs. 1 zu erlangen. Vor Beginn einer solchen Befragung muss die Polizei den Gefährder darüber aufklären, dass

a. die Auskunft freiwillig ist (§ 13 Abs. 8 S. 1 HSOG);
b. wie die erhobenen Daten verarbeitet werden sollen (§ 13 Abs. 8 S. 2 HSOG).[8]

---

7 In Fällen des polizeilichen Notstandes sind ausnahmsweise auch Nichtstörer zur Auskunft verpflichtet. Auf diese Pflicht nach § 12 Abs. 2 HSOG und daran geknüpfte rechtliche Voraussetzungen wird im Folgenden nur insoweit eingegangen, als das für die Abgrenzung zur (Gefährder-)Befragung nach Abs. 1 erforderlich ist.

8 Aus § 20 Abs. 3 HSOG ergibt sich, dass präventiv erhobene personenbezogene Daten nur für den Zweck genutzt werden dürfen, für den sie erhoben wurden.

Eine **Belehrung** über **Zeugnis-** und **Auskunftsverweigerungsrechte** nach §§ 52 – 55 StPO ist für Befragungen nach Abs. 1 nicht vorgeschrieben, wird aber in der Literatur zum Teil bejaht.[9] Allerdings steht nichts entgegen, beim Hinweis auf die Freiwilligkeit der Aussage zusätzlich auf mögliche Zeugnis- und Auskunftsverweigerungsrechte hinzuweisen.

Zu beachten ist in diesem Zusammenhang, dass sich die Belehrung, anders als bei strafprozessualen **Vernehmungen**, auch auf die in den §§ 53, 53a und 54 StPO Genannten bezieht.

Für alle präventivrechtlichen Befragungen und damit natürlich auch für Gefährderbefragungen gelten darüber hinaus die Vorschriften über **Verbotene Vernehmungsmethoden** (§ 12 Abs. 4 HSOG mit Verweis auf § 136a StPO).

▷ *Formalien, Protokollierung*

Für die Protokollierung von Gefährderbefragungen gibt es keine Vorschriften. Wie schon bei der Schlichten und Appellativen Gefährderansprache angemerkt, ist eine Dokumentation jedoch schon deshalb angeraten, um die konkreten Umstände des Einzelfallle und damit die Entscheidungsgrundlage bei einer möglichen gerichtli-

---

9 Rachor (Rn 287): *»Man wird aber die Pflicht, auf die Freiwilligkeit der Auskunft hinzuweisen, auch auf die Fälle des die Auskunftspflicht suspendierenden Auskunftsverweigerungsrechts erstrecken müssen. Wenn der Gesetzgeber schon eine Aufklärung über die Freiwilligkeit der Auskunft für notwendig hält, kann auch die fehlende Pflicht zur Selbstbezichtigung nicht ohne entsprechenden Hinweis bleiben. Besteht ein Auskunftsverweigerungsrecht, ist jede Äußerung des Betroffenen ›freiwillig‹.«*

chen Überprüfung transparent zu machen. Es empfiehlt sich, über alle Gespräche / Befragungen einen entsprechenden Vermerk oder Bericht zu schreiben, in dem Folgendes festgehalten werden sollte:

- Zeit, Ort, Dauer und Umstände der Unterhaltung,
- Anwesende,
- Inhalt des Gesprächs und konkret erhaltene Informationen,
- Verhalten, Kooperationsbereitschaft des Gefährders,
- Zeit, Ort und Inhalt der Belehrung und
- Name(n) des/der Beamten, der/die belehrt und das Gespräch geführt hat / haben.

➲ Gerichtsentscheide zum »Eingriffscharakter«

Die Frage, ob und unter welchen Umständen es sich bei der Kommunikation mit Gefährdern um einen (rechtmäßigen) Eingriff in Grundrechte handelt, soll abschließend anhand von unterschiedlichen Fallkonstellationen erläutert werden, die Gegenstand gerichtlicher Entscheidungen waren.

A. Rechtswidriges Gefährderanschreiben im Vorfeld einer Auslandsdemonstration (EU-Gipfel in Brüssel)

VG Göttingen, Urteil vom 27.01.2004 – 1 A 1014/02
OVG Lüneburg, Urteil vom 22.09.2005 – 11 LC 51/04

Ausgangssachverhalt

Im Vorfeld des EU-Gipfels in Brüssel vom 13. bis 15. Dezember 2001 sollte verhindert werden, dass gewaltbereite Demonstranten aus Deutschland nach Belgien reisen und sich an gewalttätigen Auseinandersetzungen beteiligen.

Art und Inhalt der Gefährderkommunikation

Der Kläger und zwölf weitere Personen erhielten ein Gefährderanschreiben der Polizeiinspektion Göttingen mit Datum vom 7. Dezember 2001 und folgendem Inhalt:

> *»Gefährderanschreiben.*
> *Der Polizei Göttingen ist bekannt, dass Sie im Zusammenhang mit versammlungsrechtlichen bzw. demonstrativen Aktionen polizeilich in Erscheinung getreten sind. Daher ist es nicht auszuschließen, dass Sie auch in Zukunft an demonstrativen Ereignissen teilnehmen werden. Für den 13.– 15. Dezember 2001 sind demonstrative Aktionen gegen den EU-Gipfel in Brüssel geplant. Zu diesen Aktionen*

in Belgien rufen gewerkschaftliche-, studentische-, linksautonome-, Antifa-Gruppen sowie sonstige Globalisierungsgegner auf. Bei gleichgelagerten Aktionen (z.B. Göteborg, Genua pp.) kam es in der Vergangenheit zu erheblichen gewaltsamen Ausschreitungen seitens einiger Demonstrationsteilnehmer. Auch während dieses EU-Gipfels ist damit zu rechnen. Um zu vermeiden, dass Sie sich der Gefahr präventiver polizeilicher Maßnahmen im Rahmen der Gefahrenabwehr (bis hin zur Zurückweisung an der deutsch-belgischen Grenze) oder strafprozessualer Maßnahmen aus Anlass der Begehung von Straftaten im Rahmen der demonstrativen Aktionen aussetzen, legen wir Ihnen hiermit nahe, sich nicht an den o.g. Aktionen zu beteiligen.«

Tangierte Grundrechte – Eingriff ja oder nein?

- Versammlungsfreiheit, Art. 8 Abs. 1 GG
- Meinungsfreiheit, Art. 5 Abs. 1 GG
- Freizügigkeit, Art.11 Abs. 1 GG

Das VG Göttingen bejahte einen Eingriff, weil das Gefährderanschreiben in die Willensentschließungsfreiheit des Klägers eingegriffen habe, zur Kundgabe einer (kollektiven) Meinung an Demonstrationen in Brüssel teilzunehmen (vgl. Rn 23). In der Begründung stützte sich das Gericht u.a. auch auf den **Brokdorf-Beschluss** des Bundesverfassungsgerichts und stellte die hohe Bedeutung des Grundrechts auf Versammlungsfreiheit als besondere Ausprägung der **Meinungsfreiheit** heraus (vgl. Rn 24). Allerdings sei nicht jede Einflussnahme auf eine Willensentscheidung nach den Art. 5, 8 GG als Grundrechtseingriff zu werten; der Eingriffscharakter entscheide sich vielmehr danach, wie viel Spielraum der Adressat noch für eine freie Entscheidung habe, und das sei anhand des konkreten Einzelfalles zu beurteilen. Im vorliegenden Falle sei in die Willensentschließungsfreiheit des Klägers eingegriffen worden, weil er das Gefährderanschreiben als Aufforderung verstehen musste, auf die Teilnahme an Demonstrationen beim EU-Gipfel zu verzichten, wenn er nicht polizeilichen Maßnahmen ausgesetzt werden wolle. Das sei mehr als eine unverbindliche Empfehlung; der Adressat sollte vielmehr dazu gebracht werden, nicht an den Aktionen teilzunehmen. Bei der Beurteilung des Sachverhaltes, so das Gericht, komme es letztlich maßgeblich auf den Empfängerhorizont an (vgl. Rn 25).

Wegen des Eingriffscharakters handelte es sich bei dem genannten Gefährderanschreiben um eine (schriftliche) **Appellative Gefährderansprache**, für die es einer gesetzlichen Grundlage bedurfte. Das Anschreiben könnte sich auf die polizeirechtliche **Generalklausel** stützen, sofern die tatbestandlichen Voraussetzungen (konkrete Gefahr, Adressat als Verhaltensstörer) erfüllt wären.

Warum war die Gefährderkommunikation rechtswidrig?

Aufgrund einschlägiger polizeilicher Erkenntnisse bestand zwar die konkrete Gefahr, dass es in Brüssel im Rahmen von Demonstrationen zu gewalttätigen Ausschreitungen kommen würde; allerdings handelte es sich bei dem Adressaten des Gefährderanschreibens nicht um einen (Mit-)Verursacher für diese Gefahr, da die über ihn bekannten Ermittlungsverfahren und sonstigen Erkenntnisse zeitlich mehrere Jahre und damit zu weit zurücklagen oder nicht einschlägig waren (vgl. OVG Lüneburg a.a.O., Leitsätze und Rn 14, 36 – 38).

B. Unzulässige Gefährderansprache im Vorfeld einer Demonstration

VG Halle (Saale), Urteil vom 26.05.2011 – 3 A 963/09
OVG Magdeburg, Urteil vom 21.03.2012 – 3 L 341/11

Ausgangssachverhalt

Die Mitveranstalterin einer von Nazis für den 3. Oktober 2009 angemeldeten Versammlung erstattete am 2. Oktober Strafanzeige gegen die Veranstalterin einer Gegendemonstration, die in einem Telefonat erklärt habe, es sei geplant, durch Barrieren und Proteste zu verhindern, dass die ›Rechten‹ ihren Kundgebungsplatz erreichten.

Art und Inhalt der Gefährderkommunikation

Am Abend des 2. Oktober suchten zwei Polizeibeamte die Veranstalterin der Gegendemonstration auf und führten mit ihr mündlich eine Gefährderansprache nach einem vorgefertigten Protokoll durch. Im Folgenden ein Auszug:

> *»Nach polizeilichen Erkenntnissen wurden Sie in der Vergangenheit im Zusammenhang mit Störungen der öffentlichen Sicherheit und Ordnung festgestellt. Wegen dieser Vorfälle ist gegen Sie ein entsprechendes Verfahren [...] eingeleitet worden. Die [...] Polizei [ist] in Bezug auf den o.g. Grund [...] angehalten, vorbeugende Maßnahmen zu ergreifen, um Störungen der öffentlichen Sicherheit und Ordnung zu verhindern. Im Rahmen dieser Gefährderansprache fordern wir Sie daher auf [...] insbesondere folgende Verhaltensweisen zu unterlassen: [...]*
>
> - *Öffentliches Aufrufen zu Straftaten*
> - *Beleidigungen, Provokationen und Tätlichkeiten gegenüber anderen Personen [...]*
> - *Beschädigungen oder Zerstörung fremden Eigentums.*

> *[...] Eine Zuwiderhandlung führt zu weiteren sicherheitsbehördlichen Maßnahmen. Dazu kann auch eine mehrtägige Gewahrsamnahme [...] gehören.«*

Tangierte Grundrechte – Eingriff ja oder nein?

- Versammlungsfreiheit, Art. 8 Abs. 1 GG
- Meinungsfreiheit, Art. 5 Abs. 1 GG
- Freizügigkeit, Art.11 Abs. 1 GG

Das OVG Magedburg schloss sich der erstinstanzlichen Feststellung des VG Halle an, dass die Klägerin in ihren Rechten verletzt worden und die mündlich durchgeführte Gefährderansprache als Eingriff in den Schutzbereich der Versammlungsfreiheit zu werten sei. Es habe sich bei der Gefährderansprache nicht um ein Gespräch mit allgemeinen (warnenden) Hinweisen gehandelt, sondern um eine einseitige Aufforderung, bestimmte Verhaltensweisen zu unterlassen, die in einer Aufzählung von Ge- und Verboten konkretisiert worden seien. Die Gefährderansprache sei wegen des Regelungscharakters als (mündlich erlassener) Verwaltungsakt zu werten, für den es einer gesetzlichen Grundlage bedürfe; als denkbare Eingriffsnorm komme die Generalklausel in Betracht (vgl. OVG Magdeburg a.a.O. Leitsatz 1 und Rn 28, 30, 33).

Warum war die Gefährderkommunikation rechtswidrig?

Die von den Nazis erstattete Strafanzeige gegen die Beschuldigte und Adressatin der Gefährderansprache ließ nicht einmal ansatzweise Anhaltspunkte dafür erkennen, dass die Beschuldigte die Absicht gehabt hätte, strafbare Handlungen zu begehen[10].

---

10 Aus diesem Grund wurde das Ermittlungsverfahren eingestellt.

Die auf der Grundlage der Strafanzeige erfolgte **Appellative Gefährderansprache** war rechtswidrig, weil weder eine konkrete Gefahr vorlag noch eine Störereigenschaft der Beschuldigten zu begründen war. Das OVG Magdeburg stellte dazu fest:

> *»Die Besorgnis, dass künftig eine konkrete Gefahrenlage entstehen könnte, berechtigt [...] nicht dazu, vorsorglich Maßnahmen zur Unterbindung zu treffen. Die Anzeige der Nazis mag Anlass sein, der Frage nachzugehen, ob eine Gefahrenlage besteht oder künftig zu entstehen droht. Eine solche Situation mag sog. Gefahrenerforschungseingriffe rechtfertigen, nicht aber das Einschreiten gegen eine nur als möglich erscheinende Gefahrenlage.« (Rn 33)*

C. Zulässiges offenes Auftreten der Polizei im Vorfeld einer Gefährderansprache

LG Potsdam, Beschluss vom 08.01.2014 – 4 O 338/13
OLG Brandenburg, Beschluss vom 16.10.2014 – 2 W 2/14

Ausgangssachverhalt[11]*:*

Zwischen dem 6. und 8. Dezember 2010 suchten uniformierte Polizeibeamte in der Absicht, eine Gefährderansprache durchzuführen, mehrfach die Wohnanschrift eines Mannes auf, der verdächtigt wurde, **Kinder sexuell missbraucht** zu haben. Der Kläger gab an, die Beam-

11 Der streitige Sachverhalt umfasste weitere Aspekte; nachfolgend beschränke ich mich auf die rechtlichen Ausführungen zur versuchten Gefährderansprache (vgl. OLG Brandekburg a.a.O. Rn 27 – 30).

ten hätten bei einem dieser Besuche mit quietschenden Bremsen vor seinem Haus gehalten, seien aus dem Streifenwagen gesprungen und hätten unverhältnismäßig stark gegen Scheiben und Haustür gehämmert. Außerdem hätten sie »Aufmachen, Polizei!« geschrien, so dass sich die Mieterin erschreckt habe und die Nachbarn aufmerksam geworden seien.

Art und Inhalt der Gefährderkommunikation

Zu einer Gefährderansprache kam es nicht, da der Adressat nicht angetroffen wurde.

Tangierte Grundrechte – Eingriff ja oder nein?

- Allgemeines Persönlichkeitsrecht, Art. 2 Abs. 1 GG i.V.m. Art. 1 Abs. 1 GG

Das OLG verneinte eine Verletzung des Persönlichkeitsrechts. Da der Kläger nicht zu Hause gewesen sei, wäre ein Eingriff in sein Persönlichkeitsrecht nur bei einer entsprechenden Wirkung auf die Mieterin oder die Nachbarn zu bejahen. Die Art und Weise der vom Kläger behaupteten versuchten Kontaktaufnahme durch die Polizei sei zwar rücksichtslos und unhöflich gewesen; das Einlassbegehren der Polizei in der beschriebenen Form habe jedoch nicht in das Persönlichkeitsrecht des Betroffenen eingegriffen, weil damit keine abwertende Bewertung verbunden gewesen sei. Vor allem lasse sich daraus nicht ableiten, dass die Polizei dem Betroffenen einen Vorwurf habe machen wollen.

D. Zulässige kriminalpolizeiliche Gefährderansprache gegen den Geschäftsführer eines Inkassounternehmens

VG Darmstadt, Urteil vom 08.12.2010 – 3 K 735/10.DA
VGH Kassel, Beschluss vom 28.11.2011 – 8 A 199/11.Z

Ausgangssachverhalt

Der Adressat der Gefährderansprache war Geschäftsführer eines Inkassounternehmens, das Hunderte bis Tausende Zahlungsaufforderungen und Mahnschreiben für betrügerische Internet-Gewinnspielveranstalter versandt hatte.

Art und Inhalt der Gefährderkommunikation

Der Geschäftsführer wurde am 28. Mai 2010 von der Kriminalpolizei in einer Gefährderansprache darauf hingewiesen, dass gegen die genannten Gewinnspielveranstalter aufgrund von zahlreichen Strafanzeigen umfangreiche Ermittlungsverfahren wegen versuchten beziehungsweise vollendeten Betruges geführt worden seien, weil davon auszugehen sei, dass es für die geltend gemachten Forderungen keine Rechtsgrundlage gebe. Der Geschäftsführer werde durch die Ansprache nunmehr »bösgläubig« gemacht: Sofern das Unternehmen zukünftig Mahnungen zu ungeprüften Gewinnspielforderungen verschicke, die wiederum zu Ermittlungsverfahren führten, werde davon ausgegangen, dass der Geschäftsführer sich der Beihilfe zum Betrug und / oder der versuchten oder vollendeten Erpressung schuldig gemacht haben könnte. Für diesen Fall würden entprechende Ermittlungsverfahren gegen ihn und gegebenenfalls weitere tatbeteiligte Personen bei der zuständigen Staatsanwaltschaft vorgelegt (vgl. VGH Kassel a.a.O. Rn 2). Die Gefährderansprache erfolgte mündlich; zusätzlich übergab die Kriminalpolizei den entsprechenden Inhalt in einem Vermerk.

Tangierte Grundrechte – Eingriff ja oder nein?

- Freiheit der Berufsausübung, Art. 12 Abs. 1 GG
- Schutz des Eigentums, Art. 14 Abs. 1 GG

Bezüglich Art. 12 GG bejahte das VG Darmstadt einen mittelbaren, aber nicht erheblichen Eingriff, weil kein zielgerichtetes Vorgehen der Behörde mit einer subjektiven berufsregelnden Tendenz vorliege. Die Tätigkeit des Geschäftsführers werde nicht nennenswert beeinträchtigt. Art. 14 hingegen sei nicht betroffen, denn er schütze nicht die Erwerbs- und Leistungsfähigkeit oder bloße Erwerbschancen eines Unternehmens (vgl. VGH a.a.O. Rn 4).

Warum war die Gefährderkommunikation rechtmäßig?

Der VGH führte aus, dass wegen der drohenden Begehung von Betrugsstraftaten eine Gefahr für die öffentliche Sicherheit vorliege. Durch die ungeprüfte Durchsetzung von Forderungen aus Gewinnspielen habe die Klägerin in der Vergangenheit objektiv die Begehung solcher Straftaten gefördert. Durch die hohe Zahl notwendig werdender Ermittlungsverfahren sei zudem die Funktionsfähigkeit der Strafrechtspflege gefährdet. Die Gefährderansprache gegenüber dem Geschäftsführer als Handlungsstörer sei ein angemessenes Mittel und verhältnismäßig. Zwar könne von Inkassounternehmen im Allgemeinen nicht verlangt werden, dass sie die geltend zu machenden Forderungen einer genauen Prüfung unterzögen; lägen jedoch Anhaltspunkte für betrügerische Absichten vor, könnte schon aus Gründen der gewerberechtlichen Zuverlässigkeit eine genauere Prüfung verlangt werden (vgl. VGH a.a.O. Rn 5). Bei der Maßnahme der Kriminalpolizei handelte es sich somit um eine auf die Generalklausel (§ 11 HSOG) gestützte rechtmäßige (mündliche und schriftliche) **Appellative Gefährderansprache.**

E. Zulässige Gefährderansprache bei einer psychisch kranken Straftäterin

VG Saarlouis, Beschluss vom 06.03 2014 – 6 K 1102/13

Ausgangssachverhalt

Die Adressatin der Gefährderansprache war Mutter von vier Kindern und geschieden; ihrem Ehemann war das Aufenthaltsbestimmungsrecht für die Kinder übertragen worden. Am 31.3.2011 wurde die Frau wegen Körperverletzung, versuchter Nötigung, Widerstands gegen Vollstreckungsbeamte und Hausfriedensbruchs zu acht Monaten Freiheitsstrafe verurteilt, die zur Bewährung ausgesetzt wurden. Hintergrund war u. a., dass sie versucht hatte, ihre Söhne trotz eines gegen sie bestehenden Hausverbots aus der Kindertagesstätte mitzunehmen. Mit Beschluss vom 13.6.2012 wurde die vorübergehende Unterbringung der Frau in einer geschlossenen Abteilung eines psychiatrischen Krankenhauses angeordnet. In den Gründen wurde u. a. ausgeführt, sie leide an einer wahnhaften Störung hinsichtlich des Entzugs ihrer Kinder. Die von ihr mehrfach auf die Verletzung oder Tötung der eigenen Kinder gerichteten Gedanken müssten ernst genommen werden. Mit Beschluss vom 28.11.2012 wurde der Frau der Umgang mit ihren Kindern bis Jahresende 2013 untersagt. Am 19.8.2013 fand die Einschulung ihres Sohnes statt, und die Frau ließ keinen Zweifel daran, dass sie die Gerichtsentscheidung nicht akzeptieren werde. Unter anderem äußerte sie, dass man sich nicht wundern solle, wenn sie jetzt zur Selbstjustiz greife (vgl. VG a.a.O. Rn 8).

Art und Inhalt der Gefährderkommunikation
Vor dem genannten Hintergrund führte die Polizei eine Gefährderansprache durch, in der der Frau ein Platzverweis in Aussicht gestellt bzw. ein Betretungsverbot für den Bereich der Schule ausgesprochen wurde.

Tangierte Grundrechte – Eingriff ja oder nein?

- Freizügigkeit, Art. 11 Abs. 1 GG

Ein Eingriff lag unzweifelhaft vor, da ein Betretungsverbot ausgesprochen wurde.

Warum war die Gefährderkommunikation rechtmäßig?
Das Verhängen eines Betretungsverbots ist eine Standardmaßnahme und stützt sich auf § 12 Abs. 1 SPolG. Der angekündigte Platzverweis konnte im Rahmen einer Gefährderansprache ausgesprochen werden: Da konkrete Umstände die Befürchtung einer Fremdgefährdung zuließen, war die Polizei aufgrund der Generalklausel (hier: § 8 Abs. 1 SPolG) berechtigt, die verantwortliche Person eindringlich auf die Unrechtmäßigkeit des konkret befürchteten Verhaltens und dessen rechtliche Folgen hinzuweisen (vgl. a.a.O. Rn 9).

III Vorbeugende Bekämpfung von Straftaten: Verwendung polizeirechtlich erhobener Daten in künftigen Strafverfahren?

Wie bereits ausgeführt, dienen **Gefährderbefragungen** der Gefahrenabwehr, wozu grundsätzlich auch die vorbeugende Bekämpfung von Straftaten zählt. *(»Die Polizeibehörden haben auch zu erwartende Straftaten zu verhüten sowie für die Verfolgung künftiger Straftaten vorzusorgen«*, § 1 Abs. 4 HSOG.) Vor allem für die vorbeugende Bekämpfung von Straftaten gilt eine besondere Nähe zum strafrechtlichen Ermittlungsverfahren, besteht doch der Zweck darin, Informationen zu erheben und zu speichern, um sie für ein künftiges Ermittlungsverfahren zu nutzen:

> *»Die Einleitung eines strafrechtlichen Ermittlungsverfahrens ist nicht nur eine mögliche Folge, sondern das eigentliche Ziel der mit dem Ausdruck ›Vorbeugende Bekämpfung von Straftaten‹ umschriebenen Tätigkeit«* (Rachor Rn 165–167).

Diese Klammer zwischen Polizeirecht und Strafprozessrecht findet sich auch an anderen Stellen im HSOG (z. B. § 14 Abs. 2 S. 2: *»Angefallene Informationen werden dann nicht gelöscht, wenn sie zur Verfolgung von Straftaten benutzt werden«).*

Rechtmäßig erhobene gefahrenabwehrrechtliche Daten sind demnach grundsätzlich für strafprozessuale Zwecke verwendbar, sofern es zulässig ist, sie für die »**vorbeugende Straftatenbekämpfung**« zu erheben. Zu fragen ist aber, ob dies auch für die im Rahmen einer

Gefährderbefragung erlangten personenbezogenen Daten gilt. § 20 Abs. 3 HSOG erlaubt die Speicherung und Verarbeitung der Daten nur zu dem Zweck, zu dem sie erhoben wurden, und dieser Zweck ist dem Befragten gem. § 13 Abs. 8 HSOG mitzuteilen.

Nur wenn es sich um potenzielle Straftäter gem. § 13 Abs. 2 HSOG[12] handelte, bei denen tatsächliche Anhaltspunkte die Annahme rechtfertigten, dass sie Straftaten mit erheblicher Bedeutung begehen werden, wäre eine Erhebung und Verwendung von personenbezogenen Daten zur vorbeugenden Bekämpfung von Straftaten und damit die Möglichkeit gegeben, diese Daten in einem späteren **Ermittlungsverfahren** zu verwenden. Das ergibt sich bereits aus § 13 Abs. 1 HSOG, der die vorbeugende Bekämpfung von Straftaten nicht erwähnt.

Andererseits ist es aber sehr wohl möglich, **personenbezogene Daten**, die im Rahmen der Strafverfolgung erhoben wurden, zur **Gefahrenabwehr** oder vorbeugenden Bekämpfung von Straftaten zu verwenden (§ 20 Abs. 4 HSOG).

---

12 § 13 HSOG nennt verschiedene Voraussetzungen für das Erheben personenbezogener Daten, die jedoch im Folgenden nur erwähnt werden, sofern sie die genannte »Gefährderbefragung« tangieren (können). Insbesondere die Möglichkeiten des Abs. 2 *(»tatsächliche Anhaltspunkte für das Begehen von Straftaten mit erheblicher Bedeutung«)* sollen in diesem Zusammenhang nicht weiter ausgeführt werden.

IV Gefährderbefragung als doppelfunktionale Maßnahme?

Als doppelfunktional gelten polizeiliche Maßnahmen, die nach ihrem äußeren Erscheinungsbild nicht ohne weiteres der Gefahrenabwehr oder Strafverfolgung zuzurechnen sind (vgl. Lambiris S. 108). Die Problematik beim Zusammentreffen von **Repression** und **Prävention** liegt in den unterschiedlichen Zielsetzungen. Präventives Polizeihandeln wird als eine *»primär ereignisbezogene Reaktion auf eine Schadenswahrscheinlichkeit«* definiert, bei der der Störer als moralisches Wesen völlig uninteressant ist, eine »**Blackbox**« sozusagen; bei repressivem Handeln spielen tat- und täterbezogene Merkmale, Einzelfallgerechtigkeit und Wahrheitsfindung beziehungsweise *»das gerechte Urteil«* eine entscheidende Rolle.

> *»Während sich das präventive Handeln mit ›Wahrscheinlichkeit‹ als Eingriffsvoraussetzung begnügen darf und muss, muss das repressive Verfahren auf die Feststellung von ›Gewissheit‹ über ein in der Vergangenheit gerichtetes Ereignis gerichtet sein.«* (Rachor E Rn 169, 170)

Als weiterer Punkt kommt hinzu, dass für Gefahrenabwehrhandeln das **Opportunitäts-**, für die Strafverfolgung hingegen das **Legalitätsprinzip** gilt.

> *»Die Nähe zum Strafverfahrens- oder Ordnungswidrigkeitenrecht, die wegen der Doppelfunktionalität der polizeilichen Aufgabenstellung fast immer besteht, komplizieren [sic!] die rechtlichen Zusammenhänge zusätzlich. Hinzuweisen ist vor allem auf rechtliche Probleme, welche*

> *mit der Einführung des so erlangten Wissens in ein späteres Strafverfahren verbunden sind. Die schwer durchschaubare Gesetzestechnik mit Grundsätzen, Ausnahmen und Rückausnahmen […] und die praktisch fehlende Durchsetzbarkeit von Auskunftsverpflichtungen zeugen von diesen Schwierigkeiten.«* (Lisken F Rn 241)

Dennoch lässt sich festhalten, dass im Schrifttum nicht nur die Existenz, sondern auch die grundsätzliche Möglichkeit und rechtliche Zulässigkeit doppelfunktionaler Maßnahmen bejaht wird.

> *»Weder den Polizei- und Ordnungsgesetzen noch der StPO ist zu entnehmen, dass bei Vorliegen der rechtlichen Voraussetzungen sowohl für eine Gefahrenabwehrmaßnahme wie auch für eine Strafverfolgungsmaßnahme jeweils nur eine dieser Zielsetzungen verfolgt werden darf. Die Polizei- und Ordnungsgesetze sind schon aus kompetenzrechtlichen Gründen nicht dazu in der Lage, bei einem der Gefahrenabwehr dienenden Handeln (z. B. einer der Gefahrenabwehr dienenden Durchsuchung und Beschlagnahme) auszuschließen, dass die Polizei eine entsprechende Maßnahme zugleich auf die StPO stützt. […] Aber auch die StPO kann umgekehrt das der Gefahrenabwehr dienende Handeln nicht begrenzen.«* (Schenke S. 2841, 2842)

Ob die Polizei eine Maßnahme gleichzeitig auf eine präventive und eine strafverfahrensrechtliche Befugnis stützen kann, ist allerdings von der höchstrichterlichen Rechtsprechung nicht endgültig geklärt; die herrschende Meinung geht von der sogenannten »**Schwerpunkttheorie**« aus, die die zutreffende Befugnisnorm danach bemisst, welchem Zweck die Maßnahme hautpsächlich dient, betrachtet man sie im Gesamtzusammenhang (Götz III Rn 548–550). *»Entscheidend für die präventive oder repressive Gewichtung einer polizeilichen Maßnahme ist jedenfalls der Regelungsinhalt, der dem Betroffenen bekanntgegeben wurde«*, stellt das VG Frankfurt im sogenannten **Blockupy-Urteil** fest. Der Grund für einen Wechsel in der Gewichtung sei gegenüber dem Betroffenen *»klar und unmissverständlich«* zu erklären (VG Frankfurt, Urt. v. 24.9.2014).

Götz hingegen bejaht nicht nur die Befugnis der Polizei zu doppelfunktionalen Maßnahmen, sondern sieht diese sogar dann als rechtmäßig an, *»solange nur eine der in Anspruch genommenen Befugnisnormen sie trägt.«* (Rn 550)

Weil bei vielen Gefährdertypen (z. B. Stalking, Extremismus, Häusliche Gewalt) neben bereits abgeurteilten möglicherweise noch unentdeckte oder unaufgeklärte Straftaten im Raum stehen, ist zu fragen, ob die Idee der **Doppelfunktionalität** grundsätzlich auch auf **Gefährderbefragungen** anwendbar wäre.

Im Gegensatz zu anderen strafprozessualen Befugnissen, die Entsprechungen im Polizeirecht haben (zum Beispiel Durchsuchung oder Sicherstellung) unterscheiden sich (strafprozessuale) **Vernehmungen** von (präventiven) **Befragungen** nicht nur in ihrem Ziel, sondern auch darin, dass ein Beschuldigter vor Beginn der **Vernehmung zwingend** über die ihm zur Last gelegte Tat, sein Schweigerecht und sein Recht auf Konsultation eines Verteidigers zu **belehren** ist. Geschieht das nicht, ist seine Aussage unverwertbar.

Eine (polizeirechtliche) **Befragung** eines Gefährders kann schon deshalb keine doppelfunktionale Maßnahme sein, weil sich kein rechtlich zulässiges *Oder* zu einer (Beschuldigten-)**Vernehmung** konstruieren lässt.

Sobald nämlich ein konkreter **Anfangsverdacht** auf eine Straftat bestünde, der Gefährder also (auch) zum **Beschuldigten** würde, müsste er als solcher unmittelbar und unter Umständen mitten in einem präventiven Gespräch belehrt werden. Die »Befragung« würde sich also auch nach außen unmissverständlich als Vernehmung darstellen.

Eine strafprozessuale Vernehmung kann demzufolge wegen der mit ihr verknüpften **Belehrungspflichten** (und strafprozessualer Verbote aus § 136a StPO) nicht »automatisch« in einer präventiven Befragung als Alternativmaßnahme enthalten sein. Sie kann sich aber aus ihr generieren, sobald die vorgeschriebenen Belehrungen erteilt wurden. Ein aussagebereiter Beschuldigter kann während einer rechtlich zulässigen Vernehmung also auch mit dem Ziel einer **Gefahrenabwehr** befragt werden. Ebenso ist eine Gefährderkommunikation vor oder nach einer strafprozessualen Vernehmung möglich.

Das **Schweigerecht** des **Beschuldigten** besteht unabhängig von der Bereitschaft, sich trotz der Strafverfolgung auf eine Gefährderkommunikation einzulassen. Das heißt, der Beschuldigte kann zur (Straf-)Sache schweigen und trotzdem im Rahmen einer Gefährderkommunikation mit der Polizei sprechen. Da in diesen Fällen die bereits genannten (präventiven) Belehrungspflichten einzuhalten sind, stellt sich auch in dieser Konstellation für den Befragten jederzeit klar dar, zu welchem Zweck er befragt wird und ob er Auskunft geben will oder (im Einzelfall) muss.[13]

Festzuhalten bleibt, dass Gefährderbefragungen keine doppelfunktionalen Maßnahmen im Sinne der Definition sein können, sondern stets ein Entweder-Oder darstellen.

13 Jenseits der diskutierten Gefährderbefragungen können sich im Rahmen strafrechtlicher Ermittlungen durchaus Gefahren ergeben, die es erfordern, eine strafprozessuale **Befragung** (Vernehmung) auf ein präventives Ziel auszurichten. Wenn Strafverfolgung und Gefahrenabwehr miteinander konkurrieren, ist im Sinne der »**Schwerpunkttheorie**« zu fragen, worin das Hauptziel der Befragung liegt: Die Rettung von Menschenleben geht der Strafverfolgung sicherlich vor; unter Umständen mit der Folge, dass der Inhalt der Befragung in einem späteren Ermittlungsverfahren unverwertbar ist, weil zum Beispiel der Befragte wegen einer (präventiven) **Auskunftspflicht** Selbstbelastendes offenbart hat, das selbst bei ordnungsgemäßer Belehrung und Beachtung aller Vorschriften strafprozessual nicht verwendet werden darf (z. B. Auskunft über das Versteck einer entführten Person).

V Von der Gefährderkommunikation zur Vernehmung

Bei einer **Vernehmung** im strafprozessualen Sinn handelt es sich um eine gezielte und offene Befragung durch ein Staatsorgan in amtlicher Eigenschaft zu einem repressiven Zweck.

Gezielte Befragung bedeutet, dass ein Gespräch mit dem Ziel erfolgt, eine Aussage über ein bestimmtes Tatgeschehen oder möglicherweise daran beteiligte Personen zu erhalten. Unter »Befragung« fallen dabei nicht nur gezielte Fragen, sondern alle auf amtliche Veranlassung abgegebenen Äußerungen, wie zum Beispiel die Aufforderung zum Freien Bericht.

Darüber hinaus müssen die Fragen einem **repressiven Zweck** dienen, also der Strafverfolgung. »Allgemeine Gespräche«, die Polizeibeamte im Rahmen der Streife oder bei Einsätzen führen, sind keine Vernehmung. Gleiches gilt für die Gefährderkommunikation und insbesondere auch für die Gefährderbefragung. Werden bei solchen Gesprächen jedoch Informationen erlangt, die für ein **Ermittlungsverfahren** relevant sein können, ist die Grenze zur **Vernehmung** schnell überschritten. Der Polizeibeamte muss sich also stets bewusst sein, zu welchem Zweck er mit Bürgern spricht.

Ein weiteres Problem kann sich aus der **Definition** der **Beschuldigteneigenschaft** ergeben. Eine Belehrung über das **Auskunftsverweigerungsrecht** bei Selbstbelastung nach § 55 StPO (wie es in Hessen § 12 Abs. 2 HSOG vorsieht) ist dann nicht mehr ausreichend, wenn ein – auch durch entsprechende Fragen – implizierter

Wille der Polizei deutlich wird, gegen die Aussageperson strafrechtlich zu ermitteln. Dieser Wille kann sich auch anhand der gestellten Fragen zeigen.

Da die **Belehrungspflicht** an die **erste Vernehmung** des **Beschuldigten** anknüpft, wird in solchen Fällen nicht nur jede **Befragung** zur **Vernehmung**, sondern die fehlerhafte, unvollständige oder zu spät erteilte Belehrung kann unter Umständen auf alle weiteren Aussagen dieses Beschuldigten im Strafverfahren durchschlagen und sie gegebenenfalls **unverwertbar** werden lassen. Selbst wenn das polizeiliche Ziel die **Gefahrenabwehr** ist, muss sehr genau darauf geachtet werden, dass insbesondere eine **Gefährderbefragung** nicht unversehens zu einer Vernehmung wird, weil womöglich der **Anfangsverdacht** einer **Straftat** im Raum steht und die Fragen des Polizeibeamten an den Gefährder (auch) auf diese mögliche Tat zielen.

Das regelmäßige und detaillierte Niederlegen von Gefährdergesprächen / -befragungen in **Vermerken** oder **Berichten** ist ein probates Mittel, das korrekte Einhalten der präventiv-repressiven Grenze zu dokumentieren.

Eine **Gefährderkommunikation** mit einem **Beschuldigten** ist zulässig; das gilt selbst dann, wenn er (strafprozessual) von seinem **Schweigerecht** Gebrauch gemacht hat. Gerade in diesen Fällen ist aber eine besonders hohe Sorgfalt darauf zu legen, dem Beschuldigten klar zu machen, warum die Polizei mit ihm spricht und welche Rechte er in dieser Unterhaltung hat. Die Kommunikation mit einem Gefährder, der zugleich Beschuldigter ist, kann deshalb trotz des rein präventiven Ziels eine (nochmalige) **Belehrung** nach § 136 Abs. 1 S. 2 StPO erfordern, denn diese Belehrung, insbesondere der Hinweis auf das Schweigerecht dient (auch) dazu sicherzustellen, *»dass ein Beschuldigter nicht im Glauben an eine vermeintliche Aussagepflicht Angaben macht und sich damit unfreiwillig selbst belastet.«* (BGH Beschl. v. 9.6.2009)

Bezugnehmend auf diesen Beschluss ließ das Kammergericht Berlin 2011 eine Rüge über die Verletzung der strafprozessualen **Belehrungspflicht** im Rahmen einer Gefährderkommunikation zu.

Sachverhalt:

Gegen den Beschuldigten B. wurden 2009 in Berlin mehrere Strafanzeigen wegen Körperverletzung und Beleidigung gestellt; Mitte des Jahres wurde der Beschuldigte von der Polizei vernommen und über sein Schweigerecht belehrt. Eine weitere Anzeige erfolgte am 11. Dezember 2009. Vier Tage danach kam es zu einer »Gefährderansprache« mit dem B., in deren Verlauf auch die Anzeige vom 11. Dezember thematisiert wurde. Eine Stellungnahme des B. dazu wurde in das Ermittlungsverfahren wegen Körperverletzung übernommen. Der Beschuldigte wurde zunächst vom Amtsgericht Tiergarten freigesprochen, nach einer Berufung der Nebenklägerin jedoch vom Landgericht Berlin zu einer Geldstrafe verurteilt.

Gegen dieses Urteil ging der Angeklagte in Revision. Gerügt wurde die Verletzung der Belehrungspflicht nach § 136 Abs. 1 S. 2 StPO. Das Kammergericht Berlin gab der Revision mit Beschluss vom 27. September 2011 unter anderem aus folgenden Gründen statt:

- *Die zulässig erhobene Rüge, das Landgericht habe die Angaben des Angeklagten in der nach dem ASOG durchgeführten Gefährderansprache vom 15. Dezember 2009 verwertet, obwohl dieser zuvor nicht nach § 136 Abs. 1 Satz 2 StPO belehrt worden sei, ist [...] begründet. Da gegen den Angeklagten am 11. Dezember 2009 auf Anzeige [...] ein Ermittlungsverfahren eingeleitet und er [...] als Beschuldigter zur Vernehmung vorgeladen worden war, hatte der Angeklagte zum Zeitpunkt der Gefährderansprache am 15. Dezember 2009 unzweifelhaft den Status eines Beschuldigten.*

- *Der Belehrungspflicht steht auch nicht entgegen, dass Grundlage der Ansprache nicht strafprozessuale, sondern polizeirechtliche Maßnahmen waren. [...]*

- *Die Belehrungspflicht ist auch nicht deswegen entfallen, weil sich der Angeklagte [...] etwa »spontan« geäußert hat, denn er hat gerade auf »amtliche Veranlassung« eine Stellungnahme abgegeben. Auch der Umstand, dass der Angeklagte [...] aufgrund einer Mitte des Jahres 2009 erfolgten Beschuldigtenvernehmung über sein Schweigerecht belehrt worden ist, rechtfertigt [...] nicht den Schluss, dass er sein Schweigerecht auch im Rahmen der Ansprache vom 15. Dezember 2009 realisiert [sic!] hat [...].*

Dieses Beispiel zeigt, dass die Schnittstelle Gefährder – Beschuldigter penibel geprüft werden muss. Generell besteht zwar bei jeder Art von Gefährderkommunikation die Möglichkeit einer (strafrechtlich relevanten) Selbstbelastung, aber die Gefahr, die Grenze zur strafprozessualen Vernehmung zu überschreiten, ist vor allem bei Gefährderbefragungen gegeben, weil eine Befragung schon von ihrer Natur her darauf abzielt, dass das Gegenüber sich äußert.

VI Zusammenfassung *(Kap. III – V)*

- Personenbezogene Daten, die im Rahmen einer Gefährderkommunikation erhoben werden, dürfen weder zur vorbeugenden Bekämpfung von Straftaten (Ausnahme: potenzielle Straftäter gem. § 13 Abs. 2 HSOG), noch in einem Ermittlungsverfahren verwendet werden.

- Während einer Gefährderkommunikation besteht grundsätzlich die Möglichkeit, dass es zu strafrechtlich relevanten Äußerungen des Gefährders kommt. Bei Schlichten oder Appellativen Gefährderansprachen ist die Wahrscheinlichkeit jedoch gering, weil der Gefährder in der Regel nur Adressat von Ratschlägen, Hinweisen, Appellen oder Weisungen ist. Bei Allgemeinen Gefährdergesprächen, insbesondere aber bei Gefährderbefragungen ist die Wahrscheinlichkeit einer selbstbelastenden Aussage höher, weil der Gefährder in der Regel »amtlich veranlasst« wird, etwas zu sagen. Eine Spontanäußerung wird in solchen Fällen grundsätzlich ausscheiden, da der Gefährder sich ja gerade *nicht* spontan und unaufgefordert äußert.

- Eine Belehrung über Zeugnis- und Auskunftsverweigerungsrechte nach §§ 52–55 StPO ist nur für Befragungen von Polizeipflichtigen nach § 12 Abs. 2 HSOG vorgeschrieben; angesichts der Möglichkeit von belastenden Angaben ist es jedoch sinnvoll, diese Belehrung immer dann vorzunehmen, wenn sich die Gefährderkommunikation als Gespräch gestaltet, insbesondere aber bei allen Gefährderbefragungen.

- Eine strafprozessuale Vernehmung kann wegen der mit ihr verknüpften Belehrungspflichten nicht »automatisch« in einer präventiven Befragung als Alternativmaßnahme enthalten sein, sich aber aus ihr generieren, sobald ein entsprechender Verdacht vorliegt und die vorgeschriebenen Belehrungen erteilt wurden. Der Übergang von der präventiven Befragung zur repressiven Vernehmung muss für den Gefährder eindeutig und unmissverständlich sein.

- Eine Gefährderkommunikation mit Beschuldigten ist zulässig; trotz präventiver Zielsetzung ist jedoch eine Wiederholung der Beschuldigtenbelehrung erforderlich, wenn Zweifel bestehen, dass der Beschuldigte erkennt, dass sein strafprozessuales Schweigerecht umfassend ist, also auch für die Gefährderkommunikation gilt.

- Wenn beim Übergang von der Gefährderkommunikation zur strafprozessualen Beschuldigtenvernehmung die Gefahr besteht, dass zu spät oder unzureichend belehrt wurde, bleibt die Möglichkeit, die Angaben über eine **Qualifizierte Belehrung** (und mit der anschließenden Bereitschaft des Beschuldigten, die Aussage zu wiederholen) ins Strafverfahren zu übernehmen.

Merksätze zur Belehrung

- ☑ Auch wenn ein Gefährder nicht als Störer eingestuft wird, ist (insbesondere) bei Gefährderbefragungen eine Belehrung nach §§ 52, 55 StPO sinnvoll.
- ☑ Wird ein Beschuldigter als Gefährder befragt, ist zu prüfen, ob die Beschuldigtenbelehrung gemäß § 136 Abs. 1 S. 2 StPO wiederholt werden muss.
- ☑ Wird ein Gefährder als Beschuldigter vernommen, ist zu prüfen, ob er qualifiziert belehrt werden muss.

VII Übersichten

Übersicht 1.1

Definitionen, Ziele, Abgrenzungsprobleme

☑ **Schlichte Gefährderansprache**
(mündlich oder schriftlich)

Beschreibung:

Die Polizei gibt Informationen; der Gefährder entscheidet frei über sein künftiges Verhalten; Informationsweitergabe erfolgt auf Augenhöhe.

Inhalt:

Hinweise, die so allgemein gehalten sind, dass sie keinen Befehls- oder Duldungscharakter haben, die Person mithin nicht in ihren Rechten beschneiden, d. h. keinen Einfluss auf deren Freiheit haben, ihr Verhalten selbst zu bestimmen und somit auch keinen Grundrechtseingriff darstellen; allgemeine Ratschläge, kein straffälliges Verhalten zu zeigen, allgemeine Verweise auf die Rechtslage, Hilfsangebote.

Eingriffsbefugnis:

Nicht erforderlich; die Rechtmäßigkeit ergibt sich aus der allgemeinen polizeirechtlichen Aufgabennorm zur Gefahrenabwehr (in Hessen: § 1 HSOG).

Abgrenzung / Probleme:

Es handelt sich um schlichtes Verwaltungshandeln, ohne dass Grundrechte des Gefährders verletzt werden. Sobald die Maßnahme Eingriffscharakter bekommt (Appellative Gefährderansprache), bedarf es einer Eingriffsbefugnis. In der Praxis ist die Grenze und damit der Rechtscharakter der Maßnahme zuweilen schwer zu bestimmen; maßgeblich sind die Umstände des konkreten Einzelfalles, die sich vor allem daraus ergeben, wie die Polizei gegenüber dem Gefährder und seinem sozialen Umfeld auftritt.

Denkbar ist bei mündlichen Ansprachen außerdem eine (von der Polizei weder voraussehbare noch veranlasste) strafrechtlich relevante Spontanaussage des Gefährders. Bei Spontanäußerung Unterbrechung und Belehrung nach der StPO.

Verwertung für Strafverfahren:

Aufgrund des Charakters in der Regel nicht relevant. Spontanäußerungen wären verwertbar.

ÜBERSICHT 1.2

Definitionen, Ziele, Abgrenzungsprobleme

☑ **Appellative Gefährderansprache**
mündlich oder schriftlich

Beschreibung:

Die Polizei erteilt Weisungen; der Gefährder fühlt sich unter Druck gesetzt und sieht sich »genötigt«, diesen nachzukommen; Über- / Unterordnungsverhältnis.

Inhalt:

Hinweise, Informationen und Ratschläge, die mit einer Verhaltensaufforderung verbunden sind, einen Befehls- oder Duldungscharakter haben, die Person somit in ihrer Entscheidungsfreiheit beschneiden und deshalb Grundrechtseingriffe sind: Konkrete Warnung vor straffälligem Verhalten, Handlungsanweisungen, Meldeauflagen. (Dem Betroffenen bleibt bei objektiver Betrachtung nichts anders übrig, als zu handeln wie »vorgeschlagen«.)

Eingriffsbefugnis:

Mangels einer spezialgesetzlichen Standardbefugnis die polizeirechtliche Generalklausel (in Hessen: § 11 HSOG), die das Vorliegen einer konkreten Gefahr und als Adressat einen Störer voraussetzt.

Abgrenzung / Probleme:

Kann keine konkrete Gefahr begründet werden oder fehlt dem Adressaten die Störereigenschaft, ist die

Maßnahme rechtswidrig, da sie weder auf die Generalklausel (fehlender Gefahrenbegriff) noch auf die allgemeine Aufgabenregelung gestützt werden kann. (Eingriffe in Grundrechte benötigen eine Befugnisnorm als Rechtsgrundlage.) Denkbar ist bei mündlichen Ansprachen außerdem eine (von der Polizei weder voraussehbare noch veranlasste) strafrechtlich relevante Spontanaussage des Gefährders. Bei Spontanäußerung Unterbrechung und Belehrung nach der StPO.

Verwertung für Strafverfahren:

Aufgrund des Charakters (»einseitige Kommunikation«) in der Regel nicht relevant. Spontanäußerungen wären verwertbar.

ÜBERSICHT 1.3

Definitionen, Ziele, Abgrenzungsprobleme

☑ Allgemeines Gefährdergespräch

Beschreibung:

»Alltagsgeplauder« auf Augenhöhe.

Inhalt:

Smalltalk mit dem Ziel, Kommunikationsbereitschaft herzustellen, Kontakt zu halten; freiwillige Verhaltensänderung durch Einsicht zu bewirken, Vertrauen aufzubauen, eine Beziehung zum Gefährder zu entwickeln.

Eingriffsbefugnis:

Keine erforderlich, da es sich um schlichtes Verwaltungshandeln handelt; die allgemeine Aufgabennorm, in Hessen § 1 HSOG, reicht aus.

Abgrenzung / Probleme:

Der Übergang zur Gefährderbefragung ist fließend. In der Praxis besteht die Gefahr, dass das Gespräch zu einer Befragung oder sogar zu einer Vernehmung wird, indem konkrete Fragen gestellt werden oder Dinge zur Sprache kommen, die (auch) strafrechtlich bedeutsam sein können. Denkbar ist außerdem eine von der Polizei weder voraussehbare noch veranlasste Äußerung des Gefährders zu einem strafrechtlich relevanten Sachverhalt. Je nach Lage des Einzelfalles: Unterbrechung und (ggfs. Qualifizierte) Belehrung.

Verwertung für Strafverfahren:

Aufgrund des Charakters im Sinne der Definition in der Regel nicht relevant. Spontanäußerungen und Angaben nach einer (Qualifizierten) Beschuldigtenbelehrung sind verwertbar.

Übersicht 1.4

Definitionen, Ziele, Abgrenzungsprobleme

☑ **Gefährderbefragung**

Beschreibung:

Gezieltes Gespräch und konkrete Fragen.

Inhalt:

Persönliches; wirtschaftliche und familiäre Verhältnisse, politische und religiöse Ansichten, Absichten, Einstellungen, Vorhaben des Gefährders mit dem Ziel, allgemeine Informationen und Daten zur Einschätzung einer möglichen Gefahrenlage zu gewinnen, um so ggfs. weitere Maßnahmen durchführen zu können.

Eingriffsbefugnis:

in Hessen §§ 12 Abs. 1, 13ff HSOG (Befragung und Erhebung von Daten).

Abgrenzung / Probleme:

Mit dem Ziel der Prävention erfragte oder initiierte Aussagen können den konkreten Anfangsverdacht einer Straftat begründen und damit einen Statuswechsel des Gefährders zum Beschuldigten auslösen. Es besteht die Gefahr, dass die Polizei aufgrund § 163 StPO repressiv tätig werden muss, dass die Gefährderbefragung mithin in eine Beschuldigtenvernehmung übergeht. Wenn der Gefährder »amtlich aufgefordert« wird, sich zu äußern, scheidet eine

Spontanäußerung aus. Wird ein Gefährder als Störer eingestuft und/oder im Zusammenhang mit einem polizeilichen Notstand befragt, besteht (in Hessen) nach § 12 Abs. 2 HSOG Auskunftspflicht; Beachten von Belehrungspflichten.

Verwertung für Strafverfahren:

(Personenbezogene) Daten, die durch die rechtmäßige Befragung eines Gefährders erlangt werden, dürfen nur für Zwecke der Gefahrenabwehr, aber grundsätzlich nicht zur vorbeugenden Kriminalitätsbekämpfung und auf keinen Fall für strafprozessuale Zwecke genutzt werden.

Ist der Übergang von einer Gefährderbefragung zu einer Beschuldigtenvernehmung nicht genügend bestimmbar, und/oder besteht die Gefahr, zu spät oder nicht ausreichend belehrt zu haben, kann durch eine Qualifizierte Belehrung die Verwertbarkeit der Aussage im Ermittlungsverfahren sichergestellt werden.

ÜBERSICHT 2 Voraussetzungen, Maßnahmen, Befugnisnormen

	Schlichte Gefährderansprache	**Appellative Gefährderansprache**	**Allgemeines Gefährdergespräch**
Ziel	Allgemeine Hinweise, Infos, Hilfsangebote	Warnung, Appell, konkrete Hinweise auf Maßnahmen	Gespräch über Irrelevantes, Smalltalk, keine gezielten Fragen
Störer?	**Nein**	**Ja**	**Nein**
Eingriff?	**Nein**	**Ja**	**Nein**
Konkrete Gefahr?	**Nein**	**Ja**	**Nein**
Befugnisnorm	**Keine**, Allg. Aufgabennorm, § 1 HSOG	**Generalklausel**, § 11 HSOG	**Keine**, Allg. Aufgabennorm, § 1 HSOG
Personenbezogene Datenerhebung?	Ggfs. §§ 13ff HSOG	**Ja**, §§ 13ff HSOG *(»Am … um … wurde ein Gespräch geführt …«)*	Ggfs. §§ 13ff HSOG

	Gefährderbefragung Freiwilligkeit *(Regelfall)*	**Gefährderbefragung** Aussagepflicht *(Ausnahme)*
	Zielgerichtete Unterhaltung, Gewinnen von Informationen über Person und Umstände	Zielgerichtete Unterhaltung, Gewinnen von Informationen über Person und Umstände
	Nein	**Ja**
	Ja	**Ja**
	Nein	**Ja**
	Befragung, § 12 Abs. 1 HSOG; **Anhalten** d. Person, § 12 Abs. 1 S. 2 HSOG *(zur Abwehr einer Gefahr)*	**Befragung und Auskunftspflicht,** § 12 Abs. 2 HSOG; **Anhalten** d. Person, § 12 Abs. 1 S. 2 HSOG *(zur Abwehr einer Gefahr)*
	Ja, **freiwillig**; Auskunft über personenbezogene Daten möglich bei **Einwilligung,** § 12 Abs. 3 i. V. m. § 13 Abs. 1 Nr. 1 HSOG	**Ja,** Auskunft über personenbezogene Daten möglich bei **Einwilligung** oder **Gefahrenabwehr,** § 12 Abs. 3 i. V. m. § 13 Abs. 1 Nr. 1, 3 HSOG oder **tatsächliche Anhaltspunkte für Begehen einer Straftat mit erheblicher Bedeutung,** § 13 Abs. 2 Nr. 1 HSOG

	Schlichte Gefährderansprache	**Appellative Gefährderansprache**	**Allgemeines Gefährdergespräch**	
Datenspeicherung und Verwendung	Ggfs. §§ 20ff HSOG	§§ 20ff HSOG	Ggfs. §§ 20ff HSOG	
Belehrungspflicht	**Nein,** aber Hinweis auf Freiwilligkeit gebietet sich	Ggfs., je nach Fall: § 13 Abs. 1 Nr. 1 HSOG, Mitteilung des Zwecks *oder* § 13 Abs. 8 HSOG, Hinweis auf Freiwilligkeit / Auskunftspflicht	**Nein,** aber Hinweis auf Freiwilligkeit gebietet sich	
Abgrenzung und Übergang zum Strafprozessrecht	./. Bei strafrechtlich relevanter Spontanäußerung Unterbrechung und Belehrung.	./. Bei strafrechtlich relevanter Spontanäußerung Unterbrechung und Belehrung.	./. Bei strafrechtlich relevanter Äußerung Unterbrechung u. Belehrung; Spontanäußerung bemisst sich nach konkretem Fall.	

	Gefährderbefragung Freiwilligkeit *(Regelfall)*	**Gefährderbefragung** Aussagepflicht *(Ausnahme)*
	§§ 20ff HSOG Keine Verwendung für vorbeugende Bekämpfung von Straftaten, da Zweckbindung, § 20 Abs. 3 HSOG	§§ 20ff HSOG Verwendung für vorbeugende Bekämpfung von Straftaten, § 20 Abs. 3, nur im Falle § 13 Abs. 2 Nr. 1 HSOG, *aber Verwendungsverbot in Verfahren gegen die auskunftspflichtige Person!*
	Ja, § 13 Abs. 8 HSOG, über **Freiwilligkeit** der Auskunft und **beabsichtigte Datenverarbeitung** *§§ 52 – 55 StPO:* *Hinweis ist sinnvoll, aber nicht vorgeschrieben*	**Ja,** § 13 Abs. 8 HSOG, über **Auskunftspflicht** *(aber keine Möglichkeit, sie durchzusetzen!)* und **beabsichtigte Datenverarbeitung** § 12 Abs. 2 HSOG i. V. m. §§ 52 – 55 StPO, **Zeugnis- / Auskunftsverweigerungsrechte**; auch **berufliche Gründe**, §§ 53, 53a, 54 StPO
	Verdacht auf Straftat und / oder entsprechender Verfolgungswille: (ggfs. Qualifizierte) Belehrung u. Beschuldigtenvernehmung!	Verdacht auf Straftat und / oder entsprechender Verfolgungswille: (ggfs. Qualifizierte) Belehrung und Beschuldigtenvernehmung!

ÜBERSICHT 3 – Polizeirechtliche Vorschriften aller Bundesländer

Bundesland u. Polizeigesetz	Allg. Aufgabennorm und vorbeugende Bekämpfung von Straftaten	Generalklausel
Baden-Württemberg **PolG (BW)**	§ 1 Vorbeugende Bekämpfung von Straftaten nur bereichsbezogen: § 20 Abs. 3, § 22 Abs. 2, § 26 Abs. 1 Nr. 2–6, § 38 Abs. 1–3	§ 3 i.V.m. § 1
Bayern **PAG (Bay)** **LStVG**	Art. 11 Abs. 2 S. 1, Nr. 1 PAG; Keine vorbeugende Bekämpfung von Straftaten	Art. 11 Abs. 1, 2 PAG; Art. 7 Abs. 2 LStVG
Berlin **ASOG Bln**	§ 1 Abs. 3	§ 17 Abs. 1
Brandenburg **BbgPolG** **BbgOBG**	§ 1 Abs. 1 S. 2 PolG	§ 10 Abs. 1 PolG; § 13 Abs. 1 OBG
Bremen **BremPolG**	§ 64 Abs. 1 S. 1 § 1 Abs. 1 S. 3: Keine Verfolgungsvorsorge von Straftaten	§ 10 Abs. 1 Ohne den Begriff »Öffentliche Ordnung«

	Befragung	Datenerhebung
	§ 20 *»zur Wahrnehmung einer bestimmen polizeilichen Aufgabe«* (§ 20 Abs. 1 S. 1)	§§ 19ff
	Art. 12 PAG *»zur Erfüllung einer bestimmten polizeilichen Aufgabe«*	Art. 30ff PAG
	§ 18 *»zur Klärung des Sachverhalts in einer bestimmten polizeilichen Angelegenheit«* (§ 18 Abs. 1 S. 1)	§§ 18ff
	§ 11 PolG u. § 23 Nr. 1 OBG *»für die Erfüllung einer bestimmten polizeilichen Aufgabe«* (§ 11 Abs. 1 PolG)	§§ 29ff PolG
	§ 13 *»zur Aufklärung eines Sachverhalts in einer bestimmten polizeilichen Angelegenheit«* (§ 13 Abs. 1)	§§ 27ff

Bundesland und Polizeigesetz	Allg. Aufgabennorm und vorbeugende Bekämpfung von Straftaten	Generalklausel	
Hamburg **SOG (Hmb)** **PolDVG**	§ 1 Abs. 1 S. 2 Nr. 1 PolDVG Vorbeugende Bekämpfung von Straftaten ist auf Erheben und Verarbeiten von Daten beschränkt	§ 3 Abs. 1, 2 SOG	
Hessen **HSOG**	§ 1 Abs. 4	§ 11	
Mecklenburg-Vorpommern **SOG M-V**	§ 7 Abs. 1 Nr. 4	§ 13	
Niedersachsen **Nds. SOG**	§ 1 Abs. 1, S. 3	§ 11	
Nordrhein-Westfalen **PolG NRW** **OBG NRW**	§ 1 Abs. 1 S. 2, Abs. 5 S. 2 PolG	§ 8 Abs. 1 PolG § 14 Abs. 1 OBG	

Befragung	Datenerhebung
§ 3 PolDVG *»für die Erfüllung einer bestimmten polizeilichen Aufgabe«* (§ 3 Abs. 1 PolDVG)	§§ 2ff PolDVG
§ 12 *»zur Aufklärung des Sachverhalts in einer bestimmten gefahrenabwehrbehördlichen oder polizeilichen Angelegenheit«* (§ 12 Abs. 1)	§§ 13ff
§ 28 *»für die Aufgabenerfüllung nach § 1«* (§ 28 Abs. 1 S. 1)	§§ 26ff
§ 12 *»für die Erfüllung einer bestimmten Aufgabe nach § 1«* (§ 12 Abs. 1)	§§ 30ff
§ 9 PolG u. § 24 Nr. 1 OBG *»für die Erfüllung einer bestimmten polizeilichen Aufgabe«* (§ 9 Abs. 1 PolG)	§ 9, §§ 11ff PolG § 9 Abs. 4 PolG: Befragung u. Datenerhebung sind offen durchzuführen

Bundesland und Polizeigesetz	Allg. Aufgabennorm und vorbeugende Bekämpfung von Straftaten	Generalklausel
Rheinland-Pfalz **POG (RP)**	§ 1 Abs. 1 S. 3	§ 9 Abs. 1
Saarland **SPolG**	Vorbeugende Bekämpfung von Straftaten nur bereichsbezogen: § 9a Abs. 1, § 10 Abs. 1 Nr. 2; §§ 28, 30 Abs. 2	§ 8 Abs. 1
Sachsen **SächsPolG**	§ 1 Abs. 1 S. 2 Nr. 2	§ 3 Abs. 1
Sachsen-Anhalt **SOG LSA**	Vorbeugende Bekämpfung von Straftaten nur, wenn gesondert geregelt: § 2 Abs. 1	§ 13
Schleswig-Holstein **LVwG (SH)**	§ 168 Abs. 1 Nr. 1 *»Gefahren festzustellen u. aus gegebenem Anlass zu ermitteln«;* Vorbeugende Bekämpfung von Straftaten nur bereichsbezogen: § 183 Abs. 1 S. 3, § 189 Abs. 1	§ 174 ohne den Begriff »Öffentliche Ordnung«
Thüringen **PAG (Thür)** **OBG (Thür)**	§ 2 Abs. 1 S. 2 PAG	§ 12 Abs. 1, 2 PAG, § 5 Abs.1 OBG

	Befragung	Datenerhebung
	§ 9a *»für die Erfüllung einer bestimmten ordnungsbehördlichen oder polizeilichen Aufgabe«* (§ 9a Abs. 1)	§§ 26ff
	§ 11 *»zur Erfüllung polizeilicher Aufgaben«* (§ 11 Abs. 1 S. 1)	§§ 26ff
	§ 18 *»zur Erfüllung einer bestimmten polizeilichen Aufgabe«* (§ 18 Abs. 1)	§§ 36ff
	§ 14 *»zur Aufklärung des Sachverhalts in einer bestimmten (...) polizeilichen Angelegenheit«* (§ 14 Abs. 1 S. 1)	§§ 15ff
	§ 180 *»für die Aufgeabenfüllung nach § 162* (Gefahrenabwehr für d. öffentliche Sicherheit) *erforderlich«* (§ 180 Abs. 1 S. 1)	§§ 178ff
	§ 13 PAG, § 16 OBG *»für die Erfüllung einer bestimmen polizeilichen Aufgabe«* (§ 13 Abs. 1 PAG)	§§ 31ff PAG

Kriminalistisch Vernehmen mit dem »Werkzeugkoffer«

Vernehmungsfortbildung an der Polizeiakademie Hessen[14]

»Hat der Verbrecher ein Geständniß abgelegt, so suche man natürlich solches in möglichst beweisender Form aufzunehmen.«

(W. Stieber, Praktisches Lehrbuch der Criminal-Polizei, 1860)

14 Artikel von Nikola Hahn über das Konzept »Werkzeugkoffer Vernehmung. Kriminalistisch Vernehmen« in der Hessischen Polizeirundschau Nr. 5/2012, S. 2 – 4 (Auszug).

Die Literatur über Verhaltensmaßregeln im Umgang mit (Opfer-)Zeugen und Beschuldigten, über »richtige« Vernehmungstaktiken und -techniken ist umfangreich. Arbeitet man sich durch die letzten hundert Jahre, fällt auf, dass quasi von Anbeginn gleiche Forderungen und Formulierungen auftauchen:

> *»Unser heutiger Strafprozess beruht zum größten Teil auf den Aussagen der Zeugen, und so ist das, was sie sagen bzw. was wir aus ihnen heraushören, von der größten Wichtigkeit. Uns begegnen zwei Gefahren: häufig wollen die Zeugen nicht die Wahrheit sagen, noch viel öfter können sie es nicht tun; die letztere Gefahr ist größer als die erste«,*

stellte der langjährige Untersuchungsrichter und Staatsanwalt Prof. Dr. Hans Groß in seinem Standardwerk für polizeiliche Strafverfolgung »Die Erforschung des Sachverhalts strafbarer Handlungen« bereits 1902 fest. Und weiter:

> *»Die richtige Vernehmung des Beschuldigten ist vielleicht das Schwierigste, was bei Vernehmungen vorkommen kann. Viele Regeln lassen sich leider nicht aufstellen. Es mag ja zugegeben werden, dass ein Geständnis die schönste Krönung langwieriger und schwieriger, mitunter sogar nicht ungefährlicher Tätigkeit sein kann, aber dieses Streben muss seine Grenzen dort finden, wo die Wahrheit aufhört.«*

Die Vernehmung von Zeugen und Beschuldigten wird heute wie ehedem von Polizeipraktikern und Fortbildungsinstituten als wichtiger Bestandteil in der polizeilichen Ausbildung gesehen, nicht zuletzt ist die Vernehmungslehre ein wesentlicher Bestandteil des

Fachhochschulstudiums. Wie schwierig es allerdings ist, die Thematik in ein adäquates Fortbildungsformat zu bringen, wird deutlich, wenn man die Entwicklungen in anderen Bundesländern, aber auch im Ausland betrachtet. Zwar ist die Vernehmungslehre überall Gegenstand der (theoretischen) Ausbildung, aber für die Professionalisierung in der Praxis gibt es, relativ gesehen, wenige Angebote.

Als Positivbeispiel kann Großbritannien dienen: 1992 entwickelte man mit dem PEACE-Modell, das auf Elementen des Kognitiven Interviews beruht, Standards für polizeiliche Vernehmungen. *(PEACE: Planning and Preparation = Planung und Vorbereitung, Engage and Explain = Einvernehmen herstellen und erklären, Account = Rede und Antwort, Closure = Abschluss, Evaluation = Auswertung (vgl. Milne/Bull 2003, S. 171)).* Die Beamten werden seitdem in landesweiten Trainingsprogrammen geschult.

Ausgehend von PEACE gab beziehungsweise gibt es auch in der Bundesrepublik Projekte, vor allem in Nordrhein-Westfalen und in Schleswig-Holstein. In NRW ist die »Strukturierte Vernehmung« mittlerweile Standard in der Aus- und Fortbildung.

Im Jahr 2004 übernahm ich an der Polizeiakademie Hessen die Neukonzeption der Vernehmungsfortbildung. »Meine Intention war es, eine Art Hausapotheke Vernehmung anzulegen, die Anwendungshilfe für die Praxis bietet«, leitete ich mein erstes Seminarskript ein und dieser Anspruch besteht bis heute; allerdings ist aus dem Basis-Set mittlerweile ein umfangreicher »Werkzeugkoffer« geworden, der über die »Erste Hilfe«

weit hinausgeht. Eigene Erfahrungen, Auswertungsergebnisse einschlägiger Literatur, Anregungen meiner Seminarteilnehmer, der konstruktive Austausch mit Kollegen aus dem gesamten Bundesgebiet, aber auch mit Staatsanwälten, Richtern und Verteidigern, die als Referenten in meinen Seminaren wesentlich dazu beitragen, »die andere Seite« deutlich zu machen: Vieles floss in das mittlerweile entstandene Konzept »Werkzeugkoffer Vernehmung. Kriminalistisch Vernehmen« ein.

Vernehmungen sind keine »normalen« Gespräche. Sie erfolgen im Rahmen gesetzlich vorgeschriebener und (höchst-)richterlich definierter Grenzen, die sich im Laufe der vergangenen Jahre immer mehr verfeinert haben. Wurden beispielsweise Belehrungsvorschriften bis in die 1990er Jahre noch als Ordnungsvorschriften und deren Verletzung als »lässliche Sünde« angesehen, sind sie heute grundsätzlich Voraussetzung für die Verwertbarkeit einer Aussage. Die seit Jahren in allen gesellschaftlichen Bereichen zu beobachtende Tendenz, Sachverhalte zu verrechtlichen, erfordert eine zeitnahe und praxistaugliche Umsetzung relevanter Entscheidungen, will man nicht den Anspruch auf Professionalität verlieren. Es ließen sich dazu viele Beispiele anführen, so die in der Strafprozessordnung nicht genannte, sondern durch Rechtsprechung entwickelte »Qualifizierte Belehrung«, deren Fehlen durchaus zur Unverwertbarkeit einer Vernehmung führen kann.

Rechtsfehler in Vernehmungen wirken sich nicht nur fatal im Ermittlungsverfahren und in der Hauptverhandlung aus, sondern prägen auch die Wahrnehmung der Polizei in der Öffentlichkeit, finden »Polizeiverhöre« doch regelmäßig Widerhall im Boulevard, oft im Zusammenhang mit Gerichtsverhandlungen und tatsächlichen oder vermeintlichen Versäumnissen. Ziel eines Vernehmungskonzepts muss es daher immer sein, Vernehmungsbeamten ein sicheres Spiel auf der »juristischen Klaviatur« zu ermöglichen; ein Erfordernis, das bei vorwiegend an der Psychologie orientierten Vernehmungsmethoden leider nicht immer ausreichend beachtet wird, und dem ich unter anderem mit ausführlichen »Begriffsbestimmungen« zu entsprechen suche.

Vernehmungen unterscheiden sich von Alltagsgesprächen weiterhin in der Zielsetzung: Wie der Fingerabdruck oder die DNA-Spur dienen Aussagen von Zeugen und Beschuldigten (auch) der Beweisführung. Vernehmungen gehören damit zum klassischen Handwerkszeug des Kriminalisten, und trotz fortschreitender Möglichkeiten in der Kriminaltechnik hat der Personalbeweis nach wie vor eine hohe Bedeutung, selbst wenn er mit Mängeln behaftet ist, die manchen verführen mögen, darauf zu hoffen, dass er irgendwann entbehrlich sein werde. Das wird schon deshalb nicht geschehen, weil auch Sachbeweise in einem Strafverfahren interpretiert werden müssen und subjektive Tatbestandsmerkmale wie Absichten oder Motive nur selten durch objektive Beweise zu erlangen sind, ganz abgesehen von den zahlreichen Fällen, in denen Sachbeweise nicht ausreichend vorhanden sind oder fehlen. Aussagen von Zeugen sowie Beschuldigten sind und bleiben wichtige und unverzichtbare Beweismittel zur Aufklärung von Sachverhalten, die der Vernehmungsbeamte mit der gleichen Sorgfalt sichern muss wie es seine Kollegen vom Erkennungsdienst mit Spuren am Tatort praktizieren.

Niemand käme auf die Idee, Fasern oder Fingerabdrücke ohne ausreichende Ausbildung oder mit unpassendem Werkzeug zu sichern. Die Erkenntnis, dass man professionelle Spurensicherung lehren und lernen kann, ist unbestritten. Ebenso, dass es Erfahrung und viel Übung braucht, einen größeren Tatort abzuarbeiten. Geht es dagegen um die Sicherung von Informationsspuren, also um professionelle Vernehmungsarbeit, herrscht immer noch die Meinung vor, Zeugenvernehmungen seien »einfach« und Beschuldigtenvernehmungen nur dann erfolgreich, wenn es gelinge, (schnellstmöglich) ein Geständnis zu bekommen. Diese Logik auf die Spurensicherung übertragen, würde bedeuten: Wenn ich keinen vollständigen Fingerabdruck sichern kann, der mir über einen Abgleich automatisch den Täter herausfiltert, oder wenn trotz großen Suchaufwands zu befürchten ist, nichts Relevantes zu finden, lasse ich es gleich ganz. Dass auch Fragmente weiterführen können, weil sie im Zusammenhang mit anderen Spuren plötzlich Bedeutung erlangen, dass Spurensuche und -auswertung zuweilen äußerst arbeitsintensiv sind, und nicht zuletzt: dass der Verursacher einer Spur nicht per se der Täter sein muss – Spurensicherer wissen das. Nur im Zusammenhang mit Vernehmungen werden analoge Prinzipien oft weder gesehen noch berücksichtigt.

Ein weiteres Problem, Vernehmungskonzepte »zu verkaufen«, liegt in einer verbreiteten Erwartungshaltung, die Teilnehmer auch in meinen Seminaren regelmäßig als Ziel erfolgreicher Vernehmungsfortbildung nennen: »Tricks und Tipps zum Aufdecken von Lügen« wollen sie erfahren. Unbestritten ist das Thema hochrelevant, was sich nicht zuletzt in der Vielzahl einschlägiger Veröffentlichungen (nicht nur) in den Fachmedien zeigt. Gleichwohl bleibt es Fakt, dass eine absolute Lügenerkennung bis heute (und wohl auch in Zukunft) unmöglich ist. Was ja keinesfalls bedeutet, dass es nicht lohnte, sich mit der Thematik näher zu beschäftigen – und dass es im konkreten Einzelfall nicht möglich sein kann, eine Lüge aufzudecken; allerdings braucht es dazu mehr als küchenpsychologische Erkenntnisse oder vorgefertigte Checklisten. Leider wird nur zu gern außer Acht gelassen, dass mit einem wie auch immer gearteten Versuch einer »Lügenerkennung« der zweite vor dem ersten Schritt getan wird. Voran muss erst einmal die Kompetenz stehen, richtige von unrichtiger Information zu trennen.

Auch wenn in zahlreichen Publikationen auf das Thema »Lüge« fokussiert wird: Das ist nur eine Seite der Medaille. Professionelle Vernehmungsarbeit muss auf der anderen Seite anfangen, bei den Fehlern und Mängeln, die auftreten, wenn Menschen Dinge sowie Sachverhalte wahrnehmen, sich merken und erinnern: beim Irrtum, der das »Beweismittel Aussage« so diffizil in der Bewertung macht. [...] Nicht von ungefähr gehört das Modell »Vom Tatort zur Akte«, das Wahrnehmungs-, Speicherungs- und Wiedergabeprozesse von Informationen visualisiert, neben den juristischen »Begriffsbestimmungen« zu den Grundlagen im »Werkzeugkoffer«. Die Aussagefähigkeit rangiert im handwerklichen Teil vor der Aussageehrlichkeit.

Der »Werkzeugkoffer Vernehmung« gliedert sich in die drei Hauptteile Grundlagen, Handwerk und Haltung. Das [Konzept] hat im Wesentlichen folgende Ziele:

- die erforderliche Rechtskenntnis zu vermitteln und den Rahmen abzustecken, innerhalb dessen rechtsfehlerfreie Vernehmungen möglich sind,
- psychologische, technische und taktische Grundlagen, Möglichkeiten sowie Grenzen professioneller Vernehmungsarbeit aufzuzeigen,
- den Einfluss »des Faktors Mensch« auf das Vernehmungsgeschehen deutlich zu machen,
- Vernehmende zu befähigen, aus verschiedenen »Werkzeugen« die passenden für ihren individuellen »Werkzeugkoffer« und die jeweilige Vernehmungssituation auszuwählen,
- den »persönlichen Vernehmungsstil« zu erkennen und zu verbessern.

Vernehmungen im Ersten Angriff oder bei der Bearbeitung von Massendelikten erfordern eine andere Herangehensweise als solche im Rahmen von Kapitaldelikten, Organisierter Kriminalität oder Wirtschaftsstrafsachen. »Spezialthemen« wie Videovernehmung, Vertrauliche Vernehmung oder die Vernehmung Minderjähriger sind darüber hinaus an spezielle Rechtsvorschriften geknüpft. Die regelmäßige Evaluation aller Veranstaltungen und eine eingehende Analyse der nach wie vor hohen Bedarfszahlen für Vernehmungsfortbildung führten [...] zu der Überlegung, die bestehenden Ausbildungsinhalte anzupassen und zu ergänzen, und zwar durch

- dezentrale Fortbildungsveranstaltungen,
- die Intensivierung des Informationsdienstes »Newsletter Vernehmung mit angeschlossener Dokumenten-Share«, die es Interessierten ermöglicht, die systematisch angelegten Seminarunterlagen fortlaufend zu aktualisieren und zu ergänzen,
- Arbeitstagungen zu ausgesuchten Themenkomplexen,
- eine Konzeption für die Schulung und den Einsatz von Multiplikatoren »Trainer Vernehmung«.

Das Konzept »Werkzeugkoffer Vernehmung« ist, vor allem was die Vermittlung der Grundlagen angeht, so flexibel, dass eine Anpassung an örtliche Gegebenheiten und spezielle Schwerpunktsetzungen problemlos möglich [ist]. [...] Das [...] Seminar »Trainer Vernehmung« soll darüber hinaus dazu dienen, geeignete Beamtinnen und Beamte zu befähigen, ausgesuchte Themen aus dem [...] »Werkzeugkoffer Vernehmung« im Rahmen von Inhouse-Veranstaltungen oder Dienstbesprechungen zu vermitteln und das Einhalten und Sichern von Qualitätsstandards sicherzustellen. [...]

Bildnachweis

Titelbild: »Conversation of two businessmen« © Sergey Ilin, »WM Sitting on Red Paragraph Ball« (Schwarzweiß) © Fineas, beide: fotolia.com; Adaption nach der »Rubinschen Vase« (Edgar John Rubin, 1915) © N. Hahn

Coverrückseite und Buchrücken: »Reisen« © Tino Thoß, fotolia com

S. 56: »Man in Trouble« © AirOne, fotolia.com

S. 76: »Werkzeugkoffer Vernehmung«, Hessische Polizeirundschau 5/2012 S. 2 © Nikola Hahn

Dank

Ich danke meinen Seminarteilnehmern, die den Anstoß gaben, das Thema »Gefährderansprache« in den »Werkzeugkoffer Vernehmung« aufzunehmen, und ganz besonders bedanke ich mich bei Dirk Weingarten (Polizeiakademie, Fachbereich Recht) für seinen fachlichen Rat und die Zeit und Geduld, meine zahlreichen Fragen zu beantworten.

Literaturverzeichnis / Quellen

Bücher und Aufsätze

Artkämper, Dr. Heiko; Schilling, Karsten (2014): Vernehmungen. Taktik, Psychologie, Recht, 3. Aufl., Hilden/Rhld. (VDP)

Arzt, Prof. Dr. Clemens (2006): Gefährderansprache und Meldeauflage bei Sport-Großereignissen, *in:* Die Polizei, 97. Jg., Heft 5, S. 156–161

Denninger, Dr. Dr. h.c. Erhard, Lisken, Dr. Hans (†Hg), Rachor, Dr. Frederik (Mitw.; 2012): Handbuch des Polizeirechts, 5. neu bearb. u. erw. Aufl., München (C.H. Beck)

Deusch, Dr. Florian (2006): »Fanorientierte« Maßnahmen polizeilicher Gefahrenabwehr bei Fußballspielen, *in:* Die Polizei, 97. Jg., Heft 5, S. 145–156

Ehrenberg, Wolfgang, Frohne, Wilfried (2003): Doppelfunktionale Maßnahmen der Vollzugspolizei. Problematik der rechtlichen Einordnung, *in:* Kriminalistik, 57. Jg., 12/03, S. 737–750

Götz, Volkmar (2001): Allgemeines Polizei- und Ordnungsrecht, 13., neu bearb. Aufl., Göttingen (Vandenhoeck und Ruprecht)

Götz, Volkmar (2012): Allgemeines Polizei- und Ordnungsrecht: Ein Studienbuch, 15. neu bearb. Aufl., München (C. H. Beck)

Hebeler, Timo, (2011): Die Gefährderansprache, *in:* NVwZ 1364–1366

Kießling, Andrea (2012): Die dogmatische Einordnung der polizeilichen Gefährderansprache in das allgemeine Polizeirecht. Überlegungen zu einer neuen »Standardmaßnahme«, *in:* DVBl, S. 1210–1217

Kramer, Urs (2010): Hessisches Polizei- und Ordnungsrecht. Systematische Darstellung examensrelevanten Wissens, Stuttgart, 2. Aufl. (W. Kohlhammer)

Kreuter-Kirchhof, Charlotte (2014): Die polizeiliche Gefährderansprache, *in:* AöR, 139, 257–286

Kugelmann, Dieter (2012): Polizei- und Ordnungsrecht, 2. Aufl., Heidelberg (Springer)

Lambiris, Andreas (2002): Klassische Standardbefugnisse im Polizeirecht, Bd. 2, Stuttgart u.a. (Boorberg)

Lisken – *siehe unter Denninger*

Lesmeister, Daniela (2008): Polizeiliche Prävention im Bereich jugendlicher Mehrfachkriminalität. Dargestellt am tatsächlichen Beispiel des Projekts »Gefährderansprache« des Polizeipräsidiums Gelsenkirchen, Schriftenreihe Criminologia, Bd. 6, Hamburg (Dr. Kovac) – Dissertation

Meixner, Kurt; Fredrich, Dirk (2010): Hessisches Gesetz über die öffentliche Sicherheit und Ordnung, HSOG, 11. vollst. überarbeitete Aufl. , Stuttgart u. a. (Richard Boorberg)

Meyer-Goßner, Dr. Lutz; Schmitt, Dr. Bertram (2015): Strafprozessordnung, 58., neu bearb. Aufl., München (C.H. Beck)

Rachor – *siehe unter Denninger*

Roos, Jürgen (2006): Gefährderansprache und Versammlungsrecht. Ein Eingriff ohne Eingriffsermächtigung?, *in:* Kriminalistik, Nr. 4, S. 261–264

Schenke, Prof. Dr. Wolf-Rüdiger (2011): Rechtsschutz gegen doppelfunktionale Maßnahmen der Polizei, *in:* NJW 39, S. 2838–2844

Schenke, Prof. Dr. Wolf-Rüdiger (2013): Polizei- und Ordnungsrecht, 8., neu bearb. Aufl., Heidelberg u. a. (C. F. Müller)

Schoch, Friedrich (2012): Behördliche Untersagung »unerwünschten Verhaltens« im öffentlichen Raum, *in:* Jura, S. 858–866

Seidl, Alexander, Ass. jur. (2012): Polizeiliche Gefährderansprache gegen Inkassounternehmen, Anmerkung zu: VGH Kassel 8. Senat, Beschluss vom 28.11.2011 – 8 A 199/11.Z, *in:* jurisPR-ITR 19/2012 Anm. 3

Wehr, Matthias (2008): Examens-Repetitorium Polizeirecht. Allgemeines Gefahrenabwehrrecht, Heidelberg, München u. a. (C. F. Müller)

Weingarten, Dirk (2012): Belehrung im Rahmen einer Gefährderansprache, *in:* Polizeiinfo report 5/2012, S. 11

Wißmann, Hinnerk (2008): Generalklauseln: Verwaltungsbefugnisse zwischen Gesetzmäßigkeit und offenen Normen, Jus Publicum 173, Tübingen (Mohr Siebeck)

Quellen im Internet

Arzt, Prof. Dr. Clemens (2007): Gefährderansprachen gegenüber Jugendlichen durch die Polizei, Clearingstelle Jugendhilfe/Polizei, Stiftung SPI (Hg.), Infoblatt Nr. 41, Teil 1, März 2007, Berlin, http://www.stiftung-spi.de/download/sozraum/infoblatt_41.pdf, Abruf 31.05.2015

Bäuerle, Dr. Michael (o.J.): Die Befragung, § 12 HSOG, Gießen, http://www.uni-giessen.de/~g11003/befr.pdf, Abruf 31.01.2016

Bäuerle, Dr. Michael (o.J.): Versammlungsrecht. Polizei- und Verwaltungsrecht. Hauptstudium, http://www.staff.uni-giessen.de/~g11003/versr.pdf, Abruf 29.06.2015

Breuer, Sascha; Yelgin, Atila (2007): Gefährderansprachen gegenüber Jugendlichen durch die Polizei, Clearingstelle Jugendhilfe/Polizei, Stiftung SPI (Hg.), Infoblatt Nr. 42, Teil 2, Juni 2007, Berlin, http://www.stiftung-spi.de/download/sozraum/infoblatt_42.pdf, Abruf 31.05.2015

Gloss, Werner (2009): Gefährderansprache als Mittel der Prävention, Seminar der BAG Polizei in der DVJJ, v. 30.09. bis 2.10.2009, Frankfurt, http://www.dvjj.de/sites/default/files/medien/imce/documente/veranstaltungen/dokumentationen/c.pdf, Abruf 31.01.2016

Hanschmann, Dr. Felix (2009): Gefährderansprache Klausurprüfung, http://www.jura.uni-frankfurt.de/Studium/Examensvorbereitung/Loesungsskizze/SoSe_2009/EKK_OeR_22_5_09.pdf, Abruf: 3.12.2011; Dokument nicht mehr verfügbar (5/2015).

Horn, S. (o.J.): Hilfe und Unterstützung für Stalkingopfer, Polizei, Gefährderansprache oder Täteransprache, http://www.gegenstalking.de/polizei.html, Abruf 31.01.2016

Ministerium d. Inneren u. für Sport (Hg.) (2004): Leitfaden für Polizeibeamtinnen und Polizeibeamte zum Umgang mit Fällen der Gewalt in engen sozialen Beziehungen, Rheinland-Pfalz, Mainz, April 2004, http://www.cepol.europa.eu/fileadmin/website/documents/training/cc06a/close_socialrel.pdf, Abruf 31.01.2016

Meyn, Thomas (o.J.): Gefährderansprachen bei Mehrfach- & Intensivtätern, Vortrag: Gefährderansprachen, rechtliche Aspekte, Polizeiinspektion Lüneburg, http://www.dvjj.de/sites/default/files/medien/imce/documente/veranstaltungen/dokumentationen/Thomas-Meyn.pdf, Abruf 31.01.2016

Ogrodowski, Jürgen (2009): Intensivtäterbekämpfung in Köln, 27.03.2009, http://freiewohlfahrtspflege-nrw.de/fileadmin/user_data/139-Dokumentation/23/03_Polizei_Koeln.pdf, Abruf 31.01.2016

Rogalla, Bela (2009): Demokratisierung der Polizei: Linksfraktion fordert unabhängigen Polizeibeauftragten, http://www.grundrechte-kampagne.de/themen/demokratisierung-der-polizei-linksfraktion-fordert-unabh%C3%A4ngigen-polizeibeauftragten, Abruf 31.01.2016

Ronellenfitsch, Prof. Dr. Michael (2003): Gefährderansprache durch die Polizei, 32. Tätigkeitsbericht des Hessischen Datenschutzbeauftragten, 31.12.2003, Nr. 5.6, http://www.datenschutz.hessen.de/_old_content/tb32/k05p06.htm, Abruf 31.01.2016

Spiegl, Katarina (2006): Gefährderanschreiben als effektive polizeiliche Maßnahme?, WM-Seminar, Universität Passau, https://www.yumpu.com/de/document/view/23727584/gefaehrderanschreiben-als-effektive-polizeiliche-massnahme, Abruf 31.5.2015

N.N. (2005): Projektgruppe des AK II, »Verhinderung von Gewalteskalationen in Paarbeziehungen bis hin zu Tötungsdelikten«, Bericht der Projektgruppe, Stuttgart, 19.4.2005, http://www.innenministerkonferenz.de/IMK/DE/termine/to-beschluesse/05-06-24/05-06-24-anlage-nr-20-1.pdf?__blob=publicationFile&v=2, Abruf 31.5.2015

N. N. (2005): Antwort des Hamburger Senats auf eine Kleine Anfrage d. Abgeordneten Antje Möller, v. 23.12.2005, http://www.kiezkicker.de/kiezkicker/2005/antwort-des-senats-auf-kleine-anfrage-gefahrderansprache/, Abruf 31.5.2015

N.N. (2010): Cop2Cop, Gefährderansprachen zur Fußball WM, 19. Februar 2010, Kleine Anfrage der GRÜNEN (Abgeordneter Ralf Briese), an den Niedersächsischen Landtag am 18.2.2010, http://www.cop2cop.de/2010/02/19/gefahrderansprachen-zur-fusball-wm/, Abruf 31.01.2016

N.N. (2010 – 2015): http://de.wikipedia.org/wiki/Gefährder, Stand: 20.1.2015, Abruf 31.5.2015

Rechtsprechung

BVerfG, 1. Senat, Beschl. v. 14.05.1985 – 1 BvR 233/81, 1 BvR 341/81; »Brokdorf-Beschluss« zur Polizeifestigkeit des Versammlungsrechts und ausstrahlende Wirkung des Art. 8 GG

VG Göttingen, 1. Kammer, Urt. v. 27.01.2004 – 1 A 1014/02 -, juris; Rechtsschutz gegen ein Gefährderanschreiben im Vorfeld einer Demonstration mittels Feststellungsklage

VG Minden, 11. Kammer, Urt. v. 29.06.2005 – 11 K 3164/04 u. 11 K 2952/04; Speicherung in der bundesweiten Datenbank »Gewalttäter Sport« als Grundlage für Gefahrenprognose, Einschränkung des Geltungsbereichs des Personalausweises auf das Inland nach erfolgloser Gefährderansprache

OVG Lüneburg, 11. Senat, Urt. v. 22.09.2005 – 11 LC 51/04; zulässige und begründete Feststellungsklage gegen ein »Gefährderanschreiben«; Eingriff in Grundrechte, *in:* NJW 2006, 391–394

BGH, 4. Strafsenat, Beschl. v. 09.06.2009 – 4 StR 170/09 –, juris; erste Vernehmung: Belehrungspflicht bei Spontanäußerungen eines Verdächtigen, *in:* NJW 2009, S. 3589–3591

BGH, 3. Strafsenat, Urt. v. 14.8.2009 – 3 StR 552/08 (OLG Düsseldorf); Verwertung von Daten aus präventiv-polizeilicher Wohnraumüberwachung – Terrorismusfinanzierung durch Lebensversicherung, *in:* NJW 47/2009, S. 3448–3467

KG Berlin, 3. Strafsenat, Beschl. v. 27.09.2011 – 1 Ss 276/11; Beweiserhebungs- und Beweisverwertungsverbot im Strafverfahren:

Notwendige Belehrung eines im Rahmen einer Gefährderansprache vernommenen Betroffenen, *in:* StraFo 2012, S. 14 –, juris

VGH Kassel, 8. Senat, Beschl. v. 28.11.2011 – 8 A 199/11.Z –, juris; Zulässigkeit einer kriminalpolizeilichen Gefährderansprache mit dem Geschäftsführer eines Inkassounternehmens

OVG Magdeburg, 3. Senat, Urt. v. 21.03.2012 – 3 L 341/11 –, juris; die Gefährderansprache als Verwaltungsakt; Annahme einer künftigen Gefahr reicht nicht für konkrete Gefahr gem. Generalklausel

VG Hamburg, 15. Kammer, Beschl. v. 02.04.2012 – 15 E 756/12 –, juris; zu Voraussetzungen, statt Gefährderansprachen mit Problemfans zu führen, einen Fußballverein als Verantwortlichen für mögliche Störungen in Anspruch zu nehmen

VG Aachen, 6. Kammer, Urt. v. 16.12.2013 – 6 K 2434/12, Rn 29 – 32 –, juris; zur Frage, wann polizeiliches Handeln die Schwelle zum Grundrechtseingriff überschreitet: Hinweis auf mögliche Zwangsmaßnamen ist Aufklärungsgespräch

VG Saarlouis, 6. Kammer, Beschl. v. 06.03.2014 – 6 K 1102/13 –, juris; Generalklausel als Rechtsgrundlage für die polizeiliche Gefährderansprache

VG Frankfurt, 5. Kammer, Urt. v. 24.09.2014 – 5 K 659/14.F, Rn 66, 67 –, juris; »Blockupy-Urteil«, u. a. zur unmissverständliche Erklärung des Grundes für den Wechsel von präventiver zu repressiver Gewichtung einer polizeilichen Maßnahme

OLG Brandenburg, 2. Zivilsenat, Beschl. v. 16.10.2014 – 2 W 2/14 –, juris unter Bezug auf Beschl. durch LG Potsdam v. 08.01.2014,

4 O 338/13; keine Verletzung des Persönlichkeitsrechts durch offenes Auftreten (Klingeln, Klopfen), um eine Gefährderansprache durchzuführen

Abkürzungen

o.a.	oben angegeben
a.a.O.	am angegebenen Ort
A.d.V.	Anmerkung der Verfasserin
Anm.	Anmerkung
AöR	Archiv des öffentlichen Rechts
ASOG Bln	Allgemeines Gesetz zum Schutz der öffentlichen Sicherheit und Ordnung in Berlin (Allgemeines Sicherheits- und Ordnungsgesetz)
Aufl.	Auflage
BbgPolG	Gesetz über die Aufgaben, Befugnisse, Organisation und Zuständigkeit der Polizei im Land Brandenburg (Brandenburgisches Polizeigesetz)
BbgOBG	Gesetz über Aufbau und Befugnisse der Ordnungsbehörden im Land Brandenburg (Brandenburgisches Ordnungsbehördengesetz)
Bd.	Band
Bde.	Bände
Beschl.	Beschluss
BGH	Bundesgerichtshof
BGH GS	Bundesgerichtshof, Großer Senat in Strafsachen
BGHSt	Bundesgerichtshof, Entscheidungen in Strafsachen, zitiert nach Band (1. Zahl), Seite (2. Zahl) und Fundstelle des Zitats (3. Zahl), z. B.: BGHSt 10, 8, 12
BGH 2 StR	Bundesgerichtshof, Revisionen in Strafsachen, 2. Senat

Bln	Berlin
BremPolG	Bremisches Polizeigesetz
BVerfG	Bundesverfassungsgericht
BVerfGE	Entscheidungen des BVerfG, zitiert nach Band und Seite
BW	Baden-Württemberg
bzw.	beziehungsweise
d.h.	das heißt
DVBl	Deutsches Verwaltungsblatt
ebd.	ebenda
Einl.	Einleitung
et al.	et alii/aliae – und andere (Autoren/-innen)
Fn.	Fußnote
gem.	gemäß
GG	Grundgesetz
ggfs.	gegebenenfalls
GrS	Großer Senat (BGH)
H	Heft
Hg.	Herausgeber
hrsg.	herausgegeben von
HSOG	Hessisches Gesetz über die öffentliche Sicherheit und Ordnung
i. S.(d.)	im Sinne (des/der)
i.V.m.	in Verbindung mit
Jg.	Jahrgang
Jura	Jura. Juristische Ausbildung (Zeitschrift)
jurisPR – ITR	juris Praxisreport IT-Recht
Kap.	Kapitel
LStVG (Bay)	Gesetz über das Landesstrafrecht und das Verordnungsrecht auf dem Gebiet der öffentlichen Sicherheit und Ordnung (Landesstraf- und Verordnungsgesetz Bayern)

LVwG (SH)	Allgemeines Verwaltungsgesetz für das Land Schleswig-Holstein (Landesverwaltungsgesetz)
LG	Landgericht
N.N.	Nomen nescio »Den Namen kenne ich nicht«
MDR	Monatsschrift für Deutsches Recht
MRK	Konvention zum Schutze der Menschenrechte und Grundfreiheiten
mwN	mit weiteren Nachweisen
M-V	Mecklenburg-Vorpommern
Nds. SOG	Niedersächsisches Gesetz über die öffentliche Sicherheit und Ordnung
NJW	Neue Juristische Wochenschrift
NStZ	Neue Zeitschrift für Strafrecht
NWwZ	Neue Zeitschrift für Verwaltungsrecht
OBG	Ordnungsbehördengesetz
OBG NRW	Gesetz über Aufbau und Befugnisse der Ordnungsbehörden (Ordnungsbehördengesetz) in Nordrhein-Westfalen
OBG (Thür)	Thüringer Gesetz über die Aufgaben und Befugnisse der Ordnungsbehörden
OLG	Oberlandesgericht
o.J.	ohne Jahresangabe
o.O.	ohne Ortsangabe
o.S.	ohne Seitenangabe
OWiG	Ordnungswidrigkeitengesetz
PAG	Polizeiaufgabengesetz
PAG (Thür)	Thüringer Gesetz über die Aufgaben und Befugnisse der Polizei (Polizeiaufgabengesetz)
PAG (Bay)	Gesetz über die Aufgaben und Befugnisse der Bayerischen Staatlichen Polizei (Polizeiaufgabengesetz)

POG (RP)	Polizei- und Ordnungsbehördengesetz (Rheinland-Pfalz)
PolDVG (Hmb)	Gesetz über die Datenverarbeitung der Polizei (Hamburg)
PolG	Polizeigesetz
PolG (BW)	Polizeigesetz in Baden-Württemberg
PolG NRW	Polizeigesetz des Landes Nordrhein-Westfalen
Q.n.b.	Quelle nicht bekannt
RiStBV	Richtlinien für das Straf- und für das Bußgeldverfahren
Rn	Randnummer
Rspr	Rechtsprechung
SPolG	Saarländisches Polizeigesetz
SächsPolG	Polizeigesetz des Freistaates Sachsen (Sächsisches Polizeigesetz)
sic!	(wirklich) so! (Hinweis in Zitaten)
SOG (Hmb)	Gesetz zum Schutz der öffentlichen Sicherheit und Ordnung (Hamburg)
SOG LSA	Gesetz über die öffentliche Sicherheit und Ordnung des Landes Sachsen-Anhalt
SOG M-V	Gesetz über die öffentliche Sicherheit und Ordnung in Mecklenburg-Vorpommern (Sicherheits- und Ordnungsgesetz)
STA	Staatsanwalt, Staatsanwaltschaft
StGB	Strafgesetzbuch
StPO	Strafprozessordnung
stRspr	ständige Rechtsprechung
Tbm	Tatbestandsmerkmal(e)
u.	und
u.a.	unter anderem/und anderes
u.ä.	und ähnliches
Urt.	Urteil

u.U.	unter Umständen
v.	von/vom
v.a.	vor allem
vgl.	vergleiche
vs.	versus (gegen)
z.B.	zum Beispiel
zit.	zitiert nach

Schlagwortverzeichnis

H

I

K

L

S

V

W

Z

Fachbücher von Nikola Hahn im Thoni Verlag

Werkzeugkoffer Vernehmung.
Kriminalistisch Vernehmen
Band 1 – Grundlagen
ISBN 978-3-944177-36-6
erscheint 2016

weitere Bände in Planung

Werkzeugkoffer Vernehmung
Exkurse | 1
Gefährderansprache
und Vernehmung
ISBN 978-3-944177-45-8

Werkzeugkoffer Vernehmung
Exkurse | 2
Basiswissen Vernehmung
Sofortsachen & Massendelikte
ISBN 978-3-944177-47-2
erscheint 2016

Belletristik von Nikola Hahn im Thoni Verlag (Auswahl)

Die Detektivin
Kriminalroman

Die Farbe von Kristall (2 Bde.)
Kriminalroman

Nikola Hahns »Krimis zur Kriminalistik« verbinden eine spannende Krimihandlung mit akribisch recherchierter Gesellschaftsgeschichte und lassen die Anfänge und Entwicklung der Kriminalistik in Deutschland lebendig werden.

Die Wassermühle

Roman aus einem Polizistenleben. Zum Lachen und Weinen, voller Herz, Witz und Wahrheit.

Die Startbahn

1987 wurden zum ersten und einzigen Mal seit der Gründung der Bundesrepublik Polizeibeamte während einer Demonstration erschossen. Die Ereignisse an der Startbahn West des Frankfurter Flughafens gingen als »Startbahnmorde« in die Geschichte ein. Nikola Hahn, damals Angehörige der Bereitschaftspolizei, erlebte die Ausschreitungen hautnah mit. In »Die Startbahn« erzählt die Autorin und Kriminalbeamtin von jenen Tagen, die sie auch als Schriftstellerin geprägt haben.

Thoni Verlag

Inh. Nikola Hahn
63322 Rödermark
Am Seewald 19
Thoni-Verlag@t-online.de
www.Thoni-Verlag.com

www.ingramcontent.com/pod-product-compliance
Lightning Source LLC
Chambersburg PA
CBHW071605200326
41519CB00021BB/6882
* 9 7 8 3 9 4 4 1 7 7 4 5 8 *